基于 UCSA 框架的零知识证明协议验证

王正才 ◎ 著

西南交通大学出版社
·成　都·

图书在版编目（CIP）数据

基于UCSA框架的零知识证明协议验证／王正才著
．—成都：西南交通大学出版社，2022.7
ISBN 978-7-5643-8784-6

Ⅰ．①基… Ⅱ．①王… Ⅲ．①信息安全－通信协议－研究 Ⅳ．①TP393.08

中国版本图书馆CIP数据核字（2022）第129818号

Jiyu UCSA Kuangjia de Lingzhishi Zhengming Xieyi Yanzheng

基于UCSA框架的零知识证明协议验证

王正才 著

责任编辑 穆 丰
封面设计 GT工作室

印张 11　字数 151千
成品尺寸 170 mm×230 mm
版次 2022年7月第1版
印次 2022年7月第1次
印刷 成都蜀通印务有限责任公司
书号 ISBN 978-7-5643-8784-6

出版发行 西南交通大学出版社
网址 http://www.xnjdcbs.com
地址 四川省成都市金牛区二环路北一段111号
西南交通大学创新大厦21楼
邮政编码 610031
发行部电话 028-87600564 028-87600533
定价 58.00元

前　言

在通常情况下，安全协议分析时总是假定协议运行在孤立的环境中，这种假定的运行环境与实际运行环境相差甚大。虽然有些方法考虑尽可能多的环境因素，但会使分析过于复杂，不具实用性，往往只能针对简单协议的单个运行实例进行分析。如果考虑复杂情形，则随着协议规模增大，分析空间将呈指数增长而造成状态空间爆炸。针对上述现象，Canetti 提出了通用可组合（UC）安全属性，并称具有这种安全属性的协议为 UC 协议。在孤立环境中，对于 UC 协议的单个运行实例能安全实现的安全任务，且不管在任何环境下，与任何协议组合运行时，此协议同样能安全地实现相同的安全任务。零知识证明（ZK）协议除了具有让人感兴趣的零知识性外，它还是密码协议设计中的重要工具。在密码协议设计中，ZK 协议常常被用作密码协议的子协议。因而，对 ZK 协议的设计提出了更高的安全性要求，要求设计出的 ZK 协议满足 UC 安全属性，即要求设计通用可组合零知识证明（UCZK）协议。UCZK 协议具有重要的实用价值。UC 安全属性是计算模型中定义的安全属性，对密码协议的 UC 安全属性分析只能采用计算方法，但这种方法分析过程复杂，分析中需要使用很多技巧，容易出错，且不易实现自动化分析。

可喜的是，Canetti 最近提出了 UCSA 模型，开启了利用形式化方法分析密码协议的 UC 安全属性的大门。针对上述各种情况，本书以 UC 安全属性为主要对象，致力于研究 ZK 协议及对它的形式化甚至自动化分析验证。主要工作及贡献如下：

（1）研究 UC 模型的可描述性及 UC 模型中协议模块化设计与分析方法。利用 UC 模型分析密码协议的安全性，主要是利用协议仿真严格证明协议是否能安全实现特定安全任务。原 UC 模型缺乏明确的仿真定义，未对协议执行输出和环境执行输出进行区分，导致证明过程的描述和理解都比较困难，从而失去 UC 框架的真正应用价值。为此，本书做了两点工作：构造具体仿真过程；定义协议执行输出和环境执行输出。在所做的工作基础之上，重新描述 UC 模型，并利用新的 UC 模型，完成 UC 定理证明。从书中所有涉及 UC 安全属性的分析证明中，可以看出我们工作的必要性和重要性。利用 UC 模型，理论上能实现协议的模块化设计与分析，但直至目前为止，能见到的具体设计和分析方法很少。文中从实现基础的信道安全的安全任务起，逐步通过各种混杂模型，完成协议的设计与分析，从而提出具体的模块化设计与分析方法，并通过它们设计出 UC 双向认证协议，并分析了 Needham-Schroeder 协议的 UC 安全性。

（2）研究通用可组合零知识证明（UCZK）协议。UCZK 协议的实现可归约到通用可组合不经意传输（UCOT）协议的实现。书中从 UCOT 协议的实现开始，介绍了 UCZK 协议的实现过程及方法，从而也证明了在基于公共参考串的模型中，实现 UCZK 协议的可行性。针对各种零知识证明问题设计 UCZK 协议具有重要的应用价值，书中设计出离散对数 UCZK 协议和 Guillou-Quisquater 身份认证 UCZK 协议，并证明它们能 UC 安全实现零知识证明理想函数。

（3）研究基于零知识证明的通用可组合形式化分析（UCSA）

模型的扩展和形式化分析。Canetti 的采用 D-Y 符号描述的 UCSA 模型只包含少量的密码体制抽象操作，能描述的协议、协议安全性和受支持自动化验证工具有限。为此，书中利用 APi 演算描述 UCSA 模型，增加零知识证明系统的密码抽象操作和等式系统，扩展后的 UCSA 模型能分析包含零知识证明操作的更多协议的 UC 安全属性。在扩展后的 UCSA 框架下，形式化分析了匿名签名协议的 UC 安全属性。首先定义匿名签名安全任务的理想函数和符号化判断标准，并证明它们的可靠性和完备性。然后，利用工具 ProVeri 自动化验证基于零知识证明协议构成的匿名签名协议执行是否满足符号化判断标准，从而证明协议是否能安全实现 UC 匿名签名安全任务。

本书主要针对 Canetti 提出的通用可组合安全属性，研究 UC 模型、UCZK 协议和 UCSA 模型。结构安排如下：

第 1 章为绪论，主要对本课题的研究背景和研究现状进行介绍，从而阐述本课题的研究意义。另外还指出了本课题的研究目的和所做的工作。

第 2 章为基础知识，主要介绍工作中的三大对象：UC 模型、UCSA 模型和零知识证明协议。为了便于对它们的理解和描述，首先介绍了基本对象密码协议和多带交互式图灵机。UC 安全模型的主要内容包括安全性的定义和组合定理。UCSA 模型的主要内容包括核心部件程序语言、映射和形式化分析流程。零知识证明协议是我们分析的主要对象，因而对它的介绍更详细，包括零知识证明的形式化定义、分类、应用和主要受到攻击方法等。

第 3 章研究 UC 模型的可描述性和 UC 协议的模块化设计与分析方法。UC 模型提出一套描述和分析协议的方法，定义更强的 UC 安全属性。UC 安全性通过仿真概念定义，即 $IDEAL_{F,\mathcal{S},\mathcal{Z}} \approx REAL_{\pi,\mathcal{A},\mathcal{Z}}$。

为了能容易描述和理解证明过程，在描述敌手和敌手仿真者的多带图灵机（MITM）中增加仿真交互带，完成协议仿真过程的具体定义，定义协议执行输出和环境输出。在此工作基础上，重新描述 UC 模型中的真实协议执行过程、理想协议执行过程。组合定理：$\mathcal{F}$ 混杂模型中，对理想函数 $\mathcal{F}$ 的调用替换为能 UC 安全实现 $\mathcal{F}$ 的真实协议，替换后的实际协议和 $\mathcal{F}$ 混杂模型中的协议具有同样的安全性。利用新的 UC 模型，重新对组合定理进行证明。在 UC 组合定理的保证下，提出 UC 协议的具体模块化设计与分析方法，用这套方法设计出 UC 双向认证协议，并证明在 $\mathcal{F}_{\text{CPKE}}()$ 安全假设下，设计的 UC 双向认证协议能安全实现 $\mathcal{F}_{\text{AUTH}}()$。用这套方法分析了经典的 NS 协议，和其他方法相比，它在初步分析简单子模块协议时就能判断协议的不安全性，不用做完整分析，减少了大量工作。

第 4 章研究通用可组合零知识证明协议。UCZK 协议具有更强的安全性，更广的实用价值。本章介绍零知识证明系统的基本概念，UCZK 协议的实现过程及可行性分析，介绍构造 UCZK 协议的方法，设计 UCZK 协议。UCZK 协议的实现过程及可行性分析是本章的重点，通过对零知识证明理想函数的电路计算协议的运行情况进行分析，可将 UCZK 协议的实现归约为 UCOT 协议的实现，因而需要论证 $\mathcal{F}_{\text{OT}}$ 的实现。一般是先在半诚实模型中分析协议的实现，然后通过限制敌手的能力，将协议编译为能在恶意攻击模型下执行的协议。根据上面的思路分析了 UCZK 协议的实现过程。最后介绍了 UCZK 协议的应用，给出了离散对数零 UCZK 协议和 GQ 身份认证的 UCZK 协议。

第 5 章对 UCSA 框架进行基于零知识证明的扩展和相应的形式化分析研究。将 Canetti 的 UCSA 框架扩展，使它能形式化地分析由零知识证明协议为基件的协议。为了能对 UCSA 框架进行扩展，先研究了 UCSA 框架的结构和关键点。对协议的形式化描述，新扩展的框架采用 APi 演算进程。对 APi 演算进行定义和用它进行抽象相关密码原语操作，使得描述分析对象变得容易。定义相关的协议程序语言，将协议程序用 UC 框架中的交互式图灵机描述其执行，也用形式化 APi 进程描述其执行。对两种执行，定义它们之间的映射引理，证明我们扩展后的 UCSA 框架中形式化描述的协议执行和 UC 框架中协议执行具有高概率一一对应关系。为由零知识证明协议为基件设计的匿名签名协议，刻画安全任务的理想函数和形式化判断标准，得出定理：一个协议 UC 安全实现匿名签名理想函数当且仅当对应的形式化协议执行能满足判断标准。利用 ProVeri 工具，做自动化验证试验。

第 6 章为总结与展望。

本书写作匆忙，加上水平有限，难免有不足与疏漏之处，敬请广大读者批评指正。

作　者

2021 年 12 月

目　录

第 1 章
绪 论

安全协议是以密码学为基础的消息交换协议，它运用密码算法和协议逻辑来实现认证和密钥分配等目标。安全协议被广泛地应用在网络实体之间的加密传输、消息和实体认证、密钥分配等方面，对于保障网络中系统之间的各种通信、交易的安全运行起着十分关键的作用。安全协议通常运行在复杂的网络环境中，除了存在合法的通信者外，也有恶意攻击者，攻击者可以利用安全协议的缺陷实施各种各样的攻击，一旦攻击成功，将造成信息系统的数据泄露，甚至使信息系统遭到破坏，所以确保安全协议在设计阶段和运行阶段能够满足安全目标非常重要。通常情况下，安全协议分析总是假定协议运行在孤立的环境中，这种假定的运行环境与实际运行环境相差甚大，虽然有些方法考虑尽可能多的环境因素，但会使分析过于复杂，不具实用性。另外，只能针对简单协议的单个运行实例进行分析，如果考虑复杂情形，则随着协议规模增大，分析空间将成指数增长而造成状态空间爆炸。针对上述现象，Canetti 提出了通用可组合（UC）安全属性，并称能满足这种安全属性的协议为 UC 协议。在孤立环境中，要求对于 UC 协议的单个运行实例能安全实现的安全任务，不管在任何环境下，与任何协议组合运行时，UC 协议同样能安全地实现相同的安全任务。当前，通用可组合安全分析的热点话题有通用可组合安全框架理论、通用可组合安全转移协议研究、通用可组合安全证明理论演进、通用可组合安全计算信任模型、通用可组合安全密钥交换协议研究、通用可组合安全多重数字签名（或门限签名）协议分析、通用可组合安全通信协议设计、通用可组合安全网络接入与认证协议验证、环签名的通用可组合安全模型、网络安全协议通用可组合安全分析等。零知识证明（ZK）系统在当代密码学中处于重要位置，在现代密码学中应用极广，是定义和证明各种各样密码任务的广为接受的方法。零知识证明的研究方向有零知识证明的不可延展性研究、精确零知识证明系统研究、公钥模型下的零知识证明系统、零知识证明协议、基于零知识证明的数字签名（或匿名签名、代理签名、多重数字签名）方案、基于零知识证明的 Kerberos 跨域认证、基于零知识证明的身份认证、隐形传态中实现的量子零知识证明、基于零知识证明的认证机制与认证协议的研究等。零知识证明还广泛应用于各类密码算法和密码协议的构造、抗文攻击安全加密方案设计、抵抗恶意敌手的安全协议分析等。零知识证明协议除了具有让人感兴趣的零知识性外，它还是密码协议设计中的重要工具。在密码协议设计中，ZK 协议常常被用作密码协议的子协议。因而，对 ZK 协议的设计提出了更高的安全性要求，要求设计出的 ZK 协议满足 UC 安全属性，即要求设计 UCZK 协议。UCZK 协议安全性高，具有重要的实用价值。形式化分析的热点话题有网络协议的形式化建模、协议形式化安全评估、模糊系统验证的形式化方法、系统错误定位的形式化方法、服务组合形式化建模、量子密码协议的概率形式化研究、面向数据安全的形式化验证、互联网技术标准体系的形式化设计、网络可信控制模型形式化分析、语义分析形式化研究、Web 服务组合的形式化验证、形式化方法在云计算中应用、数据库管理系统安全性形式化分析、算法形式化验证、软件形式化建模、操作系统形式化设计、网络拓扑的形式化表达、软件需求验证的形式化方法、构件组装系统形式化研究、软件故障形式化测试、安全协议形式化分析理、基于形式化特征的网络路由规则分析、工作流的形式化建模、处理器体系结构形式化建模、信息系统生存性形式化建模、基于构件的软件形式化开发、网格服务流的状态 π 演算形式化验证、软件产品形式化验证体系、规则推理的形式化研究、Java 虚拟机安全性的形式化分析和验证、构件柔性组装的形式化等。UC 安全属性是计算模型中定义的安全属性，对密码协议的 UC 安全属性的分析只能采用计算方法，但这种方法分析过程复杂，分析中需要使用很多巧妙技巧，容易出错，且不易实现自动化分析。可喜的是，Canetti 最近提出了 UCSA 模型，开启了利用形式化方法分析密码协议的 UC 安全属性的大门。本书围绕安全协议的通用可组合安全属性，以通用可组合安全分析、零知识证明、安全协议的形式化分析为研究对象，进行深层次的探索。

1.1 技术背景

随着网络技术飞速发展，人们经历了由单机时代、互联网时代，正朝着物联网时代迈进，大数据技术、人工智能技术、5G 技术的深入推进应用，大大推进了基于网络的虚拟世界和现实世界的边界逐渐变得模糊。网络在我们生活中扮演着越来越重要的角色，网络应用种类越来越多，网络应用领域越来越广，应用环境也越来越复杂，信息安全始终是网络应用最基本、也是最重要的要求，IT 应用越普及，安全要求就越高，影响就越深入，国家就越重视。最近几年，《中华人民共和国网络安全法》《中华人民共和国密码法》《中华人民共和国数据安全法》《中华人民共和国个人信息保护法》等一系列的法律文件颁布，整个社会的信息安全意识和重视度大大提高。密码协议为信息安全发挥着重要的基础作用。密码协议虽只是简单的两方或多方分布式算法，但其应用环境的复杂性和实现问题的特殊性，使得它的设计与分析一直是信息安全、网络安全中的一个重要研究课题，往往需要建立强有力的工具，去描述协议和协议运行，定义协议安全和证明协议的安全性。大部分工具总是假定协议运行在孤立的环境中，与实际运行环境相差甚大。虽然有的方法考虑尽可能多的环境因素，但分析过于复杂，不具实用性，工具推广和应用有很大的难度。另外，随着协议规模增大和考虑的环境因素增多，分析空间将成指数增长而造成状态空间爆炸，因而只能直接针对简单协议的单个运行实例进行分析。针对上述现象，Canetti[1]提出了通用可组合安全（Universally Composable，UC）属性。满足 UC 安全属性的协议，在孤立环境中，单个协议运行实例能安全完成的安全任务，在任何环境下（即便出现的环境从来没有考虑过，或没有预料过），与其他任何协议（甚至带恶意目的的协议）组合运行时，同样能够安全实现相同的安全任务。一般称具有 UC 安全属性的协议为 UC 协议。这对现实面对的问题是一种非常不错的解决途径，受到了很多人的关注，吸引了更多的研究者投入精力去研究。为了便于设计和分析 UC 协议，基于计算方法、形式化方法和可证明的符号化方法，Canetti 提出了 UC 模型和通用可组合的符号化分析（Universally Composable Symbolic Analysis，UCSA）模型[2]。利用它们，为安全协议实现模块化的设计与分析展开相应的自动化工作。一方面，可将复杂协议分成若干子协议，只需单独分析各子协议的安全性，利用组合定理，完成复杂协议的安全性分析，使复杂协议的繁杂分析过程变得简单化；另一方面，上述针对 UC 安全属性的分析方法，既能符合现有的分析实际状况，又能增强安全性的保证[3]。由上可见，对协议的 UC 安全属性的研究，不管是理论上，还是应用上都有重大意义，是密码协议分析的一个新的重要课题。

目前，UC 模型和 UCSA 模型还有大量的工作需要去做。如两个框架还不完善，只能分析部分 UC 协议；又如研究它们的应用方法还比较少，大部分研究只重视理论上证明，缺乏具体使用方法；等等。

零知识证明(ZK)协议自 20 世纪 80 年代被 Goldwasser, Micali 和 Rackoff 提出以来，一直受到人们的追捧，这不仅因为它的零知识性，主要是因为它是密码协议设计中的重要工具。最开始，研究者们主要关注于零知识证明的构造。最近，研究者们关注于零知识证明的安全属性，如并发性、不可扩展性、可靠模拟性以及通用可组合安全性等等。一般通用的可组合零知识证明（UCZK）协议同时具有不可扩展性和并发性。UCZK 协议在实际应用中具有重要应用价值，研究 UCZK 协议，并针对具体零知识证明问题构造 UCZK 协议，能使设计出的 ZK 协议具有更高的安全性和提高零知识证明协议的应用价值。

1.2 国内外研究现状

密码协议分析主要有计算方法和形式化（也称符号化）分析方法。它们各有优缺点：计算方法分析结果具有可靠性，但分析过程复杂，需要很多巧妙的技巧，容易出错，且不易实现自动化分析；形式化分析简单，易于实现自动化，但降低了分析的可靠性，往往分析具有攻击的一定存在着安全缺陷，但分析结果安全的协议不一定安全的特征。最近几年，研究者们将两者结合，出现计算可靠的形式化方法。在我们的研究中，几种方法都有涉及，下面对它们研究状况进行介绍。

1. 计算方法

安全协议分析中的计算方法要求严格证明密码协议能完成某项安全任务，这需要借助适当的数学模型（如带输入/输出的有穷自动机、交互式图灵机、Pi 演算等），利用数学模型描述协议的执行，定义安全性，证明协议满足安全定义。计算方法的研究过程就是构造一个适当的模型，并在这个模型下分析密码协议。

Yao[4,5]和 Goldreich，Micali，Wigderson[6]通过引入基本概念，开启了证明密码协议安全的方法。为了提高证明的效率，Fiat 和 Shamir[7]提出了“随机预言机模型”（Random Oracle Model，RO 模型），在实际应用中 RO 模型利用一个哈希函数来代替，增强了协议分析的实用性。Bellare 和 Rogaway[8,9]利用 RO 模型思想，针对密钥交换协议，对其敌手模型和安全性做了定义，并进行了相关安全定义的证明（一般称其证明框架为 BR 模型）。在 BR 模型中，协议的交互过程被定义为敌手和应答器之间的对话，认证性通过对话匹配来定义，保密性被定义为敌手在可忽略概率下“猜测”秘密信息。后来，针对 BR 模型的不足，出现了很多扩展。其中，最重要的一个扩展是 Bellare，Canetti，Krawczyk[10]针对 BR 模型可重用性差，采用模拟的思想提出的可重用的 BCK 模型，能实现安全协议的模块化设计。Canetti 和 Krawczyk[11]基于 BR 模型与 BCK 模型提出了另一种模型，被称为 CK 模型。在 CK 模型中，对协议安全性的定义采用与 BR 模型类似的不可区分性，但敌手模型采用了 BCK 中的定义，从而同时发挥了 BR 模型和 BCK 模型的优点。Canetti[1]提出一个描述密码协议和定义密码协议安全的 UC 模型。UC 模型只需对简单的协议的单个实例在孤立环境中进行安全性分析，通过组合原理，能保证在协议被组合为复杂的协议或有别的协议实例存在或者对运行环境的其他部分根本不知道的情况下，协议的安全性同样能够得到保证。这个模型的重要贡献是提出了更强的通用可组合安全性，协议的设计和分析可以采用基于程序设计中的模块化方法，化解了协议分析环境和实际运行环境差别的影响。在 UC 模型中，UC 协议实现往往需要借助公共参考串的帮助。为了解决 UC 模型使用中出现的一些问题，能充分考虑公共参考串，Canetti[15]最近又设计了 GUC 模型。

计算复杂性方法试图从数学的角度来处理协议的安全性。如果对协议的安全性有一个完整的数学证明，则完全可以相信协议会按照协议的意愿去运行。但是，从协议证明的发展历程来看，以往对协议的安全性证明往往可能存在一些错误之处，而且这些安全证明设计复杂、过程烦琐，使读者望而止步。尽管存在各种各样的缺点，可证明安全对协议安全性论证的价值仍然是无法估量的。

2. 形式化方法

最理想的密码协议分析就是能借助计算机，实现自动化验证。而达到这一步的前提是先能进行符号化分析（常常称为形式化分析）。当前安全协议形式化分析方法主要有三类：第一类是以 BAN 逻辑为代表的基于知识和信仰的逻辑推理分析方法；第二类是基于代数结构的模型检测分析方法；第三类是基于定理证明的分析方法。针对第一种思路，1989 年，Burrows，Abadi 和 Needham[27]独树一帜地以逻辑形式的方法提出了一种基于知识和信仰的逻辑（一般称为 BAN 逻辑），用来描述和验证认证协议，其目的是在抽象层面上分析计算机通信网络或分布式系统中认证协议的安全问题，使得不可信的双方可在网络环境下彼此通信，建立通信的主体联系以及安全信任。BAN 逻辑的提出为解决安全协议形式化分析迈出了一大步。BAN 逻辑是分析安全协议的一个里程碑，它成功地对 Needham-Schroeder、Kerberos 等几个著名的协议进行了分析，找到了其中已知和未知的漏洞。但是，BAN 逻辑本身具有许多不足和缺陷，为此出现很多对 BAN 逻辑进行改进或扩展的研究，提出各种各样的逻辑方法，其主要代表有 GNY 逻辑[28]、MB 逻辑[29]、AT 逻辑[30]、VO 逻辑[31]和 SVO 逻辑[32]。第二种思路是近年来的研究焦点，是一般目的的形式化方法，被用于安全协议分析这一领域，并取得了大量的成果。Lowe[33]曾用 Roscoe 的模型检测程序（FDR）发现 Needham-Schroeder 公钥协议的一个中间人的攻击行为，这引发了人们将协议形式化分析的研究热点集中于基于 Dolev-Yao 模型的状态探测和定理证明技术上。基于 CSP（Communicating Sequential Processes，通信顺序进程），Lowe 和 Roscoe 分别发展了不同的理论和方法，把大系统中协议安全性质的研究归约到小系统中协议安全性质的研究。Millen[34]开发的 CAPSL（Common Authentication Protocol Specification Language，通用认证协议规约语言）为协议形式化分析工具提供通用说明语言，标志着不同形式化分析技术日趋成熟与集成。第三种思路是推广和完善协议模型，根据该模型提出有效的分析理论。顺应此趋势，Thayer 和 Herzog[36]给出 Dolev-Yao 模型的深度理论说明，提出了融合协议形式化分析的多种思想和技术的 Strand Space 的概念，同时 Paulson[37]也提出了用归纳的方法来分析安全协议。

3. 可证明的符号方法

针对符号化方法，可以开发自动化的证明工具，但是可证明的安全性通常对于计算模型不具备可靠性。为此，Abadi 和 Rogaway[48]首先给出了一种计算可靠的形式化方法，通常称其为 AR 逻辑。AR 逻辑的主要目的是协调计算方法与形式化方法，主要思想是为协议消息提供两种执行模型，一种是形式化模型，另一种是计算模型，然后证明，在形式化模型下等价的消息在计算模型下具备不可区分性。其中消息的等价是在形式化模型下由一定规则定义，而不可区分性是计算模型中定义安全性常用的概念。Micciancio 和 Warinschi[49,50]进一步在给定条件下证明 AR 逻辑的完备性，即如果使用充分强的加密方案，任何两个表达式计算等价当且仅当它们可以在逻辑下等价。之后，文献[53-56]也研究了两个框架之间的一些关系，指出如何保证符号模型下关于计算模型的可靠性，并获得计算模型中协议的自动化证明。AR 逻辑的最大的意义在于为安全协议的分析开启了一个新的方向，提供了一种新的思路，但 AR 逻辑本身对安全协议的建模能力有限，它只能针对被动攻击下的安全性建模，即，敌手只是被动地窃听协议中传输的消息，另外计算模型和符号模型并不是完全一致。为了保证可靠性，需要进行一定的前提假设（如文献[58]就有一个典型的假设）。为了克服这一缺点，Blanchet 等人直接开启了另一个方向，直接建立基于计算模型的机械证明器，在自动化证明中，不用再去考虑对应的符号协议。直接证明方法目前也包括两类，即基于逻辑的方法和基于 Game 序列的方法。基于逻辑的方法以 Impagliazzo，Kapron 等人[59,60]为代表，该方法直接对不可区分性做符号化抽象，采用逻辑公理的形式进行推理，以证明协议的安全性。基于 Game 序列的方法以 Blanchet 等人[61-65]为代表，它直接将加密方案及签名方案中常用的 Game 序列方法形式化，通过等价替换完成一系列 Game 之间的归约，最终证明协议的安全性。最近，Canetti[2]提出了 UCSA 模型，能用形式化方法证明在计算模型下定义的 UC 安全属性。

1.3 研究内容及其结果

本书的工作目标是能利用形式化方法分析以 ZK 协议为子协议的密码协议的 UC 安全属性。UC 安全属性是 Canetti 在 UC 模型中定义的密码协议的安全属性，并称具有这种安全属性的协议为 UC 协议。对于 UC 协议的单个运行实例能安全实现的安全任务，不管在任何环境下，与任何协议组合运行时，此协议同样能安全地实现相同的安全任务。为了更好地描述和分析密码协议的 UC 安全属性，我们首先研究了 UC 模型。零知识证明（ZK）协议除了具有让人感兴趣的零知识性外，它是密码协议设计中的重要工具。在设计中，ZK 协议常常被用作密码协议的子协议。因而，对 ZK 协议的安全性提出更高要求，往往需要它满足 UC 安全属性，所以 UCZK 协议具有重要的实用价值。为此，我们的一个工作重点为研究 UCZK 协议。UC 安全属性是计算模型中定义的安全属性，对密码协议的 UC 安全属性的分析需要采用计算方法，但这种方法分析过程复杂，需要很多巧妙技巧，容易出错，不易实现自动化分析。可喜的是，Canetti 最近提出了 UCSA 模型，开启了利用形式化方法分析密码协议的 UC 安全属性的研究大门。但 Canetti 提供的 UCSA 框架只包括基本消息操作、非对称密码体系和标准数字签名密码体系的符号化操作符，不能用来分析 UCZK 协议和以 UCZK 协议为子协议的密码协议的 UC 安全属性。因而，我们研究和扩展 UCSA 模型。具体地讲，本书的工作内容及其结果如下：

（1）研究 UC 模型的可描述性。利用 UC 模型分析密码协议的安全性，主要是利用协议仿真严格证明协议是否能安全实现特定安全任务。原 UC 模型缺乏明确的仿真定义，未对协议执行输出和环境执行输出进行区分，导致证明过程的描述和理解都比较困难，从而失去 UC 框架的真正应用价值。为此，本书做了两点工作：构造具体仿真过程；定义协议执行输出和环境执行输出。在所做的工作基础之上，重新描述 UC 模型，并利用新的 UC 模型，完成 UC 定理证明。从书中所有涉及 UC 安全属性的分析证明中，可以看出我们工作的必要性和重要性。

（2）UC 模型中协议模块化的设计与分析方法。UC 模型最大优点是能实现协议的模块化设计与分析，文中提出具体的模块化设计与分析方法，通过它们设计 UC 双向认证协议，并分析了 Needham-Schroeder 协议的 UC 安全性。

（3）研究通用可组合零知识证明（UCZK）协议。UCZK 协议的实现可归约到通用可组合不经意传输（UCOT）协议的实现。书中从 UCOT 协议的实现开始，介绍了 UCZK 协议的实现过程及方法，从而也证明了在基于公共参考串的模型中，实现 UCZK 协议的可行性。

（4）针对各种零知识证明问题设计 UCZK 协议具有重要的应用价值。在 $\mathcal{F}_{Mcom}$ 混杂模型中，文中设计出离散对数 UCZK 协议和 Guillou-Quisquater 身份认证 UCZK 协议，并分别证明它们能 UC 安全地实现相应的零知识证明理想函数。

（5）基于零知识证明的通用可组合形式化分析（UCSA）模型

的扩展。Canetti 采用 D-Y 符号描述的 UCSA 模型只包含非对称密码体系抽象操作，能描述的协议、协议安全性和支持自动化验证工具有限。为此，文中利用 APi 演算描述 UCSA 模型，增加零知识证明系统的密码抽象操作和等式系统，利用扩展后包括的操作，重新定义描述协议的程序语言、规定协议程序在 UC 模型和 UCSA 模型中的执行轨迹，并证明两个执行轨迹之间在概率可忽略下有一一对应关系，即在攻击者 A，带输入 z 的环境 Z 和安全参数 k 下，对协议 ρ 在 CU 框架下执行的轨迹集合 $Trace_{\rho,A,Z}(k,z)$ 和协议 ρ 的形式化符号协议的所有有效执行轨迹集合 T，式子 $Pr(symb(t)\notin T\mid t\in Trace_{\rho,A,Z}(k,z)|)\leqslant neg(k)$ 成立。从而保证扩展的 UCSA 框架能分析包含零知识证明操作的更多协议的 UC 安全属性。

（6）利用扩展后的 UCSA 框架，形式化分析匿名签名协议的 UC 安全属性。首先定义匿名签名理想函数 $\mathcal{F}_{ANON-SIGN}(\ )$ 和用 APi 进程描述符号化判断标准 $\mathcal{P}_{anon-sign(S_i)}\approx_R\mathcal{P}_{anon-sign(S_j)}$，利用文中描述的新的 UC 模型，证明匿名签名协议 ρ UC 安全实现理想函数 $\mathcal{F}_{ANON-SIGN}(\ )$ 当且仅当对应符号协议 $symb(\rho)$ 满足匿名签名的形式化判断准则，即完成扩展 UCSA 框架对基于零知识证明协议构造的匿名签名协议分析的可靠性和完备性证明。然后，利用工具 ProVeri 自动化验证基于零知识证明协议构成的匿名签名协议是否满足形式判断准则，从而证明匿名签名协议是否具有 UC 安全属性。

1.4 组织结构

本书主要针对 Canetti 提出的通用可组合安全属性，研究 UC 模型，UCZK 协议和 UCSA 模型。本书章节安排如下：

第一章为引言。主要对本书研究课题的研究背景和研究现状进行简要的介绍，从而阐述本书研究课题的研究意义。另外还指出了本书研究课题的研究目的和本书研究课题所做的工作。

第二章为基础知识。主要介绍工作中的三大对象 UC 模型、UCSA 模型和零知识证明协议。为了便于对它们的理解和描述，首先介绍了基本对象密码协议和多带交互式图灵机。UC 安全模型的主要内容包括安全性的定义和组合定理。UCSA 模型的主要内容包括核心部件程序语言、映射和形式化分析流程。零知识证明协议是我们分析的主要对象，因而对它的介绍相对详细多。包括零知识证明的形式化定义、分类、应用和主要受到攻击方法等等。

第三章研究 UC 模型的可描述性和 UC 协议的模块化设计与分析方法。UC 模型提出一套描述和分析协议的方法，定义更强的 UC 安全属性。UC 安全性通过仿真概念定义，即 $IDEAL_{F,\mathcal{S},\mathcal{Z}} \approx REAL_{\pi,\mathcal{A},\mathcal{Z}}$。为了能容易描述和理解证明过程，在描述敌手和敌手仿真者的多带图灵机（MITM）中增加仿真交互带，完成协议仿真过程的具体定义。定义协议执行输出和环境输出。在此工作基础上，重新描述 UC 模型中的真实协议执行过程、理想协议执行过程。组合定理：$\mathcal{F}$ 混杂模型中，对理想函数 $\mathcal{F}$ 的调用替换为能 UC 安全实现 $\mathcal{F}$ 的真实协议，替换后的实际协议和 $\mathcal{F}$ 混杂模型 r 中的协议具有同样的安全性。利用新的 UC 模型，重新对组合定理进行证明。在 UC 组合定理的保证下，提出 UC 协议的具体模块化设计与分析方法。用这套方法设计出 UC 双向认证协议，并证明在 $\mathcal{F}_{\text{CPKE}}()$ 安全假设下，设计的 UC 双向认证协议能安全实现 $\mathcal{F}_{\text{AUTH}}()$。用这套方法分析了经典的 NS 协议，和其他方法相比，它在初步分析简单子模块协议时就能判断协议的不安全性，不用做完整分析，减少大量工作。

第四章研究通用可组合零知识证明协议。UCZK 协议具有更强的安全性，更广的实用价值。介绍零知识证明系统的基本概念，UCZK 协议的实现过程及可行性分析,介绍构造 UCZK 协议的方法，设计 UCZK 协议。UCZK 协议的实现过程及可行性分析是本章的重点，通过为零知识证明理想函数的电路计算协议的运行情况进行分析，可将 UCZK 协议的实现归约为 UCOT 协议的实现，因而需要论证 $\mathcal{F}_{\mathrm{OT}}$ 的实现。协议的实现一般是先在半诚实模型中分析协议的实现，然后通过限制敌手的能力，将协议编译为能在恶意攻击模型下执行的协议。根基上面的思路分析了 UCZK 协议的实现过程。最后，介绍了 UCZK 协议的应用，给出了离散对数的 UCZK 协议和 GQ 身份认证的 UCZK 协议。

第五章对 UCSA 框架进行基于零知识证明的扩展和相应的形式化分析研究。将 Canetti 的 UCSA 框架扩展，使它能形式化地分析由零知识证明协议为基件的协议。为了能对 UCSA 框架进行扩展，首先研究 UCSA 框架的结构和关键点。对协议的形式化描述，新扩展的框架采用 APi 演算进程进行描述。对 APi 演算进行定义和用它抽象相关密码原语操作，使得能容易描述分析对象。定义相关的协议程序语言,将协议程序用 UC 框架中的交互式图灵机描述其执行，也用形式化 APi 进程描述其执行。对两种执行，定义它们之间的映射引理，证明我们扩展后的 UCSA 框架中形式化描述的协议执行和 UC 框架中协议执行具有高概率一一对应关系。为由零知识证明协议为基件设计的匿名签名协议，刻画安全任务的理想函数和形式化判断标准，得出定理：一个协议 UC 安全实现匿名签名理想函数当且仅当对应的形式化协议执行能满足判断标准。利用 ProVeri 工具，做自动化验证试验。

第六章为总结与展望。

第 2 章

基础知识

本书研究内容主要涉及三个对象：UC 模型、UCSA 模型和 ZK 协议。为了便于理解，本章将对它们进行介绍，并先对涉及的基本对象密码协议和描述密码协议执行的数学工具交互式图灵机进行介绍。

2.1 密码协议

密码学的用途就是解决各种难题（当然，这也是计算机的主要用途）。密码学解决的各种难题围绕机密性、鉴别、完整性和不诚实的人。

协议（protocol）是一系列步骤，其包括两方或者多方，设计它的目的在于完成一项任务。这个定义说明了："一系列步骤"意味着协议是从开始到结束的一个序列，每一步必须依次执行，在前一步完成之前，后面的步骤都不能够执行；"包括两方或者多方"意味着完成这个协议至少是需要两个人的，单独的一个人是无法构成协议的，当然一个单独的人可以采取一系列步骤去完成一项任务（例如做一顿丰盛的晚餐），但这不是协议（必须有另外一些人参与才能构成协议，比如家里的其他人共同享用了这顿晚餐）；最后，"设计它的目的在于完成一项任务"意味着协议必须做一些事。有些事物看起来很像是协议，但若其不能完成一项任务，那也不是协议。

协议的其他特点：

（1）协议中的每个人都必须了解协议，并且预先知晓所要完成的所有步骤；

（2）协议中的每个人都必须同意并遵循它；

（3）协议必须是清楚明晰的，每一步都必须有明确的定义，不能引起误解和歧义；

（4）协议必须是完整的，对每一种可能的情况必须规定具体的动作。

由此可见，协议规划成一系列步骤，并且协议是按照规定的步骤线性进行执行，除非指定它转到其他的步骤。每一步至少要做下列事件中的一件。

（1）由一方或者多方计算；

（2）在各方中传递信息。

密码协议（cryptographic protocol）是使用密码学的协议。参与该协议的各方可能是友人和完全信任的人，也可能是敌人和相互完全不信任的人。密码协议包含某种密码算法，但通常协议的目的不仅仅是为了简单的秘密性。参与协议的各方可能为了计算一个数值想共享他们各自的秘密部分，共同产生随机系列，确定相互的身份或者同时签署合同。在协议中使用密码的目的是防止或者发现欺骗和窃听者。相互不认识、不信任的各方可以在网络上完成他们的协议的目标。

在某些协议中，参与者中的一个或几个有可能欺骗其他人，而也可能存在窃听者并且窃听者可能暗中破坏协议或获悉一些秘密信息。某些协议之所以会失败，是因为设计者对需求定义得不是很完备，还有一些原因是协议的设计者分析得不够充分。这就好比算法，证明其不安全远比证明其安全容易得多。

在协议描述和分析中，经常用到动作这一概念，为了便于理解和描述后面的相关对象，我们用行为时序逻辑（TLA）语言[70]描述密码协议。

密码协议是n个参与者$p_1, p_2, \cdots, p_n$共同完成某项安全任务而定义的一组确定性动作序列$\pi \triangleq a_1 \to a_2 \to \cdots a_{m-1} \to a_m$。其中：

$n \geqslant 2$；

动作公式$a_i \triangleq (S_{i-1}, x_{\text{int}}, input) \Rightarrow (S_i, x_{out}, output)$，其中$S_{i-1}$和$S_i$为动作发生前的状态和发生后的状态。$x_{int}$和$x_{out}$为参与者通过网络接收和发送的消息，*input*和*output*分别为系统的输入和输出。a_i只由一个参与者单独完成，且只有前面的动作$a_1, \cdots, a_{i-1}$都发生了，才能发生。

$m \ll \infty$。

协议必须包含两个或两个以上的参与者，且必须在有限个动作之后结束，只由一个参与者通过一系列动作完成的任务不能构成协议。一般的安全任务包括认证、密钥分发、不经意传输、承诺、零知识证明等。参与者发送的消息往往是基于密码操作而构造的消息，如密文、签名、散列数等，故把这些协议称为**密码协议**，它们往往也被称为**安全协议**。动作的触发可以分为两类：外部输入消息（运行在同一台机上的其他程序发出的请求）和网络通信消息（网络中其他参与者发送的消息），因而也把这种协议称为**消息-驱动协议**。

2.2 多带交互式图灵机

分析密码协议的计算方法中，首先要借助一个好的数学模型。常用的数学模型有π-算子、λ-算子、带输入和输出的自动机、交互式图灵机等。UC 安全模型中采用交互式图灵机。下面将按照图灵机、交互图灵机到多带交互图灵机的演变过程进行介绍。

图灵机，又称图灵计算、图灵计算机，是由数学家阿兰·麦席森·图灵(1912—1954)提出的一种抽象计算模型，即将人们使用纸笔进行数学运算的过程进行抽象，由一个虚拟的机器替代人们进行数学运算。

所谓的图灵机就是指一个抽象的机器，它有一条无限长的纸带，纸带分成了一个一个的小方格，每个方格有不同的颜色。有一个机器头在纸带上移来移去。机器头有一组内部状态，还有一些固定的程序。在每个时刻，机器头都要从当前纸带上读入一个方格信息，然后结合自己的内部状态查找程序表，根据程序输出信息到纸带方格上，并转换自己的内部状态，然后进行移动。

图灵机可以用图 2-1 描述，包括两个部分：可处于有穷状态集中任一个状态的有穷控制和被划分为单元的磁带。磁带的每个单元存储包含有穷多种符号中的任一种符号，它的一个特殊子集被用作输入集。可用七元组 $M=(Q,\Sigma,\Gamma,\delta,q_0,b,F)$ 描述图灵机，具体符号解释如下：

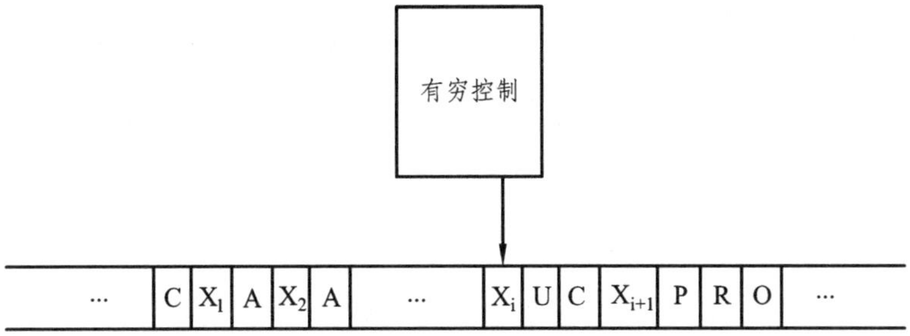

图 2-1　图灵机

Q：有穷控制的有穷状态集；

Σ：输入符号有穷集合；

Γ：带上所有符号集合，总有 $\Sigma \subset \Gamma$；

δ：转移函数 $\delta(p_i,x)=(q_j,y,d)$，其中，p_i，q_j 分别是当前状态

和发生变化后的下一状态；$x \in \Sigma$ 为读入带符号；$y \in \Gamma$ 为在当前扫描单元格写入的符号；$d \in \{L, R\}$ 为带头移动符号，非左就右；

q_0：初始状态，且 $q_0 \in Q$；

b：空格符号，$b \in \Gamma$ 但 $b \notin \Sigma$，在开始时，除了初始输入的有穷单元格外，其他单位格都是空格符号；

F：$F \subset Q$，接收状态或者终结状态。

图灵机 $M = (Q, \Sigma, \Gamma, \delta, q_0, b, F)$ 将以如下方式运作：

开始的时候将输入符号串从左到右依此填在纸带的格子上，其他格子保持空白(即填以空白符)。M 的读写头指向第 0 号格子，M 处于状态 q_0。机器开始运行后，按照转移函数 δ 所描述的规则进行计算。例如，若当前机器的状态为 q，读写头所指的格子中的符号为 x，设 $\delta(q, x) = (q', x', L)$，则机器进入新状态 q'，将读写头所指的格子中的符号改为 x'，然后将读写头向左移动一个格子。若在某一时刻，读写头所指的是第 0 号格子，但根据转移函数它下一步将继续向左移，这时它停在原地不动。换句话说，读写头始终不移出纸带的左边界。若在某个时刻 M 根据转移函数进入了状态 q_{accept}，则它立刻停机并接受输入的字符串；若在某个时刻 M 根据转移函数进入了状态 q_{reject}，则它立刻停机并拒绝输入的字符串。

转移函数 δ 是一个部分函数，换句话说对于某些 q，x，$\delta(q, x)$ 可能没有定义，如果在运行中遇到下一个操作没有定义的情况，机器将立刻停机。

为了能用图灵机描述交互式证明系统，在上述图灵机系统中引入多条磁带。最早可见于 S. Goldwasse 等在文献[71]中构造的一对用于双方交互证明系统的交互图灵机系统 (A, B)，如图 2-2 所示。

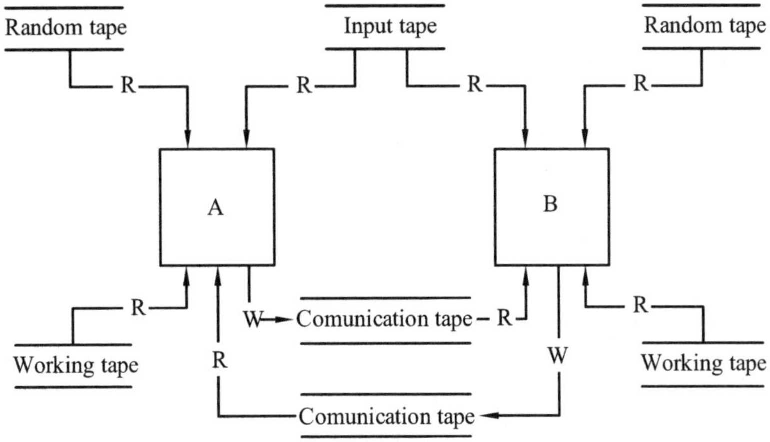

图 2-2 (A,B)交互式图灵机系统

每个图灵机都有一个随机带，上面装入随机符号，并规定机器只能从左往右读取，每读取一个随机符号，往前移动一位，不能回头或停止不动。这样可以刻画系统的随机性或随机数的产生。它们共同使用一条输入带，包括系统的初始化和一些外部的输入。另外它们之间的交互用一对通信带来描述，一条通信带对一个图灵机只读不写，另外一条对它只写不读。对另外一台图灵机反之。每台图灵机有一条工作带，从上面依次读取操作指令。交互式图灵机系统特别适合刻画密码协议的计算模型。为了更好地刻画密码协议运行中的各种参数，Canetti 在文献[1]中针对几个重要的参数增加了几个带，称它为多带交互式图灵机（Multi-tape Interactive Turing Machine，MITM），如图 2-3 所示。随机带的作用和上面提到的一样。当 MITMM 动作的激活条件满足时，活动带被置为 1，从工作带上读取操作指令，开始运行；活动结束后，活动带被置为 0，进入等待状态或者停止状态。如果进入等待状态，当下一个动作的激活条件满足时，它又被置为 1，MITMM 又运行；如果进入停止状态，

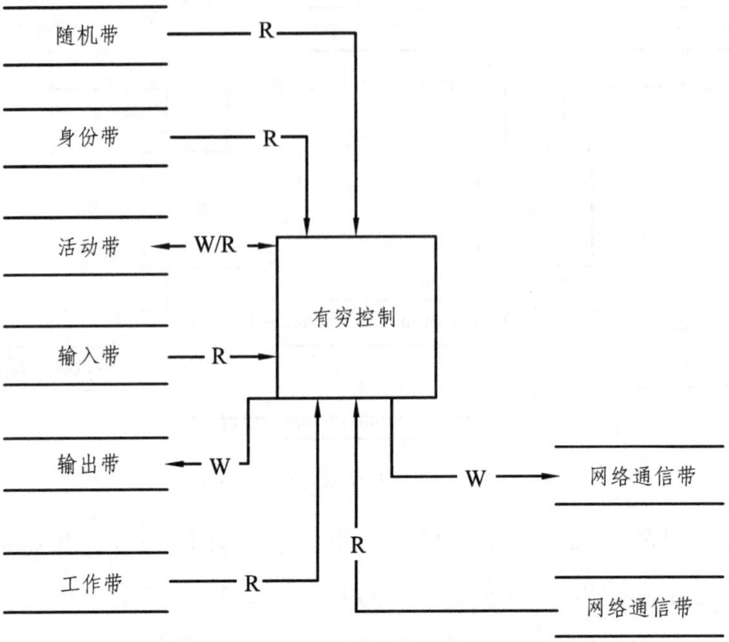

图 2-3　多带交互式图灵机

在那之后的活动中，它就不会再被激活运行。系统输入中包括安全参数，用来刻画系统的安全性或系统的计算能力。这里的 MITM 是多项式时间交互式图灵机，它的每一个动作完成是多项式时间，即假定输入长度为 n，安全参数为常数 c，MITMM 能在 n^c 步内完成动作操作，进入等待或者停止状态。通过网络通信带，MITMM 能和其他 MITMM 进行交互。一个 n（$n\geq2$）方协议的执行可以用由 n 台 MITM 组成的交互系统来描述。每台 MITM 的身份带上的内容为它代表的参与方的身份，同时也成为 MITM 的身份标识。MITM 之间的交互通过在每个动作运行时从通信带上读入别的 MITM 发过来的消息或者在通信带上写入发给别的 MITM 的内容来完成。消息格式包括两个部分：消息标识部分，包括消息的发送者身份、接受者身份、协议运行的会话标号等；消息内容部分，这个部分可以是任意的消息内容。用 n 台 MITM 系统描述的 n 方密码协议，我们可以把不同的 MITM 看作是网络中运行在不同的主机上的一个协议程序，它的输入输出带可以看为与运行在同一台机器上的其他程序或者用户的交互，网络输入/输出带看作是为了与网络中其他参与方为完成安全任务需要通过 Internet 进行发送和接收消息的交互。

2.3 UC 安全模型

RanCanetti 在文献[1]中提出通用可组合(Universally Composable，UC) 安全模型，采用模拟的方法证明协议安全，利用真实协议与理想协议的执行进行比较定义安全性，在组合定理的保证下，得出更高、更实用的安全性，即协议在孤立环境中，对于单个运行实例通过 UC 安全模型证明能安全实现的安全任务，运行到任何环境中，有多个运行实例同时存在时，协议同样能安全地完成相应的安全任务。下面简要介绍 UC 安全模型中的协议执行模型、安全定义、组合协议和组合定理。

1. 真实协议执行模型

一个真实协议的执行模型由协议参与者、攻击者和环境组成，其中攻击者代表协议运行在分布式网络中可能遇到的所有攻击行为，环境给予协议运行时所有初始赋值、系统输入和记录协议运行的状况。协议执行由动作序列刻画，在每个动作中，一方（或者是一个协议参与者，或者是攻击者，或者是环境）被激活。首先被激活的环境给予系统初始赋值和输入后，相应的参与者或者敌手被激活。如果是协议参与者被激活，其首先接收系统输入和网络通信中的消息，按照预先定义的程序运行，完成相应的动作，给出相应的系统输出和网络通信（发给其他参与者的消息）。如果是攻击者被激活，其要么控制网络中的通信，要么给予参与者一些有目的的消息。协议执行的输出为环境记录的协议运行状况。

2. 理想协议执行模型

理想协议执行模型中，真实协议需要完成的安全任务被定义为理想函数（一个抽象的代表），当参与方给予一个输入时，它总能给予对应真实协议安全执行时给出的输出。执行模型由代表协议参与者的虚拟参与者、敌手仿真者、环境和理想函数组成。环境工作同样有二：将给予真实协议的初始赋值和系统输入给予理想协议；记录理想协议执行记录。虚拟参与者只是简单地接收输入，发给理想函数，从理想函数接收返回，传给环境。敌手仿真者模仿敌手在真实协议中的动作，让理想协议给出相应的反应。系统的输出也是环境记录的系统的运行状况。

3. 通用可组合安全性

UC 模型中的安全性定义由系统概率不可区分性进行描述。两个系统 $X\{x(k,a)\}$ 和 $Y\{y(k,a)\}$（$k \in N$ 为系统安全参数，$a \in \{0,1\}^*$ 为系统输入），如果对于任何 $c \in N$，存在 $k_0 \in N$，对于所有 $k > k_0$ 和所有 $a \in \{0,1\}^*$，$|Pr(x(k,a)=b)-Pr(y(k,a)=b)|<k^{-c}$（$b \in \{0,1\}^*$ 为系统输出）成立，则称系统 X 和 Y 是概率不可区分的，记为 $X \approx Y$。特别是 $|\Pr(x(k,a)=b)-\Pr(y(k,a))=b|=0$ 成立，则称系统 X 和 Y 相等，记为 $X=Y$。

令 $REAL_{\pi,\mathcal{A},\mathcal{Z}}$ 表示环境区别真实协议 π 的执行输出和理想函数执行输出后的环境输出，$IDEAL_{F,S,\mathcal{Z}}$ 表示环境判断由理想函数 F 组成的理想协议的执行输出后的环境输出，令 $\mathcal{A}\in\mathcal{C}$，$\mathcal{C}$ 为基于某类假设条件下的攻击者集合，$\mathcal{S}$ 为 $\mathcal{A}$ 的仿真者。如果对任何环境 $\mathcal{Z}$ 和任何攻击者 $\mathcal{A}$，都可以构造合理的 $\mathcal{S}$，使得 $REAL_{\pi,\mathcal{A},\mathcal{Z}} \approx IDEAL_{F,S,\mathcal{Z}}$ 成立，则称协议 π 能 UC 安全实现理想函数 F。

4. 组合协议

如果真实协议模型中，参与者除了执行一些基本操作外，还可以调用理想函数，称那样的运行模型为混杂模型，如果理想函数是 F，则称为 F-混杂模型。设 π^F 是 F-混杂模型中的一个协议，协议 π^p 通过将 π^F 中对 F 的调用全部替换为对 p 的调用获得，则称 π^p 为组合协议。

5. 组合定理

定理（组合定理） 设 $\mathcal{C}$ 是基于一定假设条件下的攻击者集，F 是某一安全任务的理想函数，p 是安全实现 F 的现实协议，π 是 F 混杂模型中的协议，π^p 是通过上面替换方式获得的现实模型中组合协议，对任何 $\mathcal{A}\in\mathcal{C}$，能在 F 混杂模型构造出合理的 $\mathcal{A}$ 的仿真者 H，使得对任意的 $\mathcal{Z}$，下面式子成立：

$$REAL_{\pi^p,\mathcal{A},\mathcal{Z}} \approx HYB_{\pi^F,H,\mathcal{Z}}$$

由组合定理可见，由 UC 安全模型分析真实协议能安全完成某安全任务，当真实协议被运行到一个复杂的环境中时，同样能安全完成相应的安全任务。组合定理保证了 UC 安全模型的重要性和实用性。

2.4 UCSA 模型

为了能形式化甚至自动化地分析安全协议的通用可组合安全（Universally Composable Security，UC 安全）属性，Canetti 在 UC 框架的基础上提出了通用可组合符号化分析（Universally Composable Symbolic Analysis，UCSA）框架[2]。UCSA 框架结合了 UC 框架将复杂协议分析转化为基本简单协议分析的优点和形式化能实现自动化分析的优点，达到既减少手工易出错又提高效益的优点。下面对 UCSA 框架做一个简单的介绍。

1. 协议程序语言

安全协议是一个多方并发的分布式算法，各方执行自己的算法，同时需要与其他参与者交互一定的消息，完成预定的安全任务。算法的描述使用特定的程序语言。协议程序语言有两点要求：程序语言包含的每个操作都能有效执行，即如果给定安全参数，每个操作都能在安全参数的多项式时间内完成；程序语言包含的操作有限，只包含安全协议消息项的生成操作和密码原语抽象的密码操作。一般描述安全协议的程序语言包括消息的发送与接收、消息项的组合与拆分、随机数的产生、消息的加密与解密、标准数字签名与验证、消息盲化与消息去盲化、盲签名与盲验证、零知识证明的描述与验证和常用的逻辑操作符等。因此，协议程序语言是根据描述协议对象设计的一套有限操作的特殊语言。

2. 映射

安全协议程序的语义解释，可以利用 UC 框架中的一组交互式图灵机去刻画，也能用形式化分析的符号协议去刻画。这两种语义解释自然存在某种映射关系，将 UC 框架的程序语义解释对应到形式化分析的符号系统的程序语义解释。在 UC 框架中，程序语言的密码原语操作，被解释为对理想函数调用，如加密解密操作是对理想函数 F_{CPKE} 的调用。而在形式化符号系统中，被抽象为密码原语体系的操作函数，如加密解密可用非对称密码体系的操作符，如 $aenc(m,PK)$。

在文献[2]中，提出了映射引理，它是 UCSA 框架分析中的一个核心工具。映射引理保证了描述安全协议的程序的两种执行语义解释能对等起来，证明了形式化分析框架中的符号敌手的攻击能力不弱于 UC 框架中的攻击者的能力，从而提供可以将协议的 UC 分析转化到形式化分析的保证。

3. 形式化验证

UCSA 框架提供了形式化分析安全协议的 UC 安全属性的方法，在 UC 组合定理的保证下，可以将对复杂协议的分析拆分为对简单协议的分析，既可以提高形式化分析工具的效率，又能克服形式化分析随着分析规模的增大，分析状态成指数级膨胀的状态空间爆炸问题。具体操作过程如下：

（1）把安全协议程序“翻译”成可形式化分析的符号协议。

（2）确定安全协议的 UC 安全属性的判断准则（这要求协议在 UC 框架中执行能安全实现某一理想函数与对应的符合协议满足判断准则在概率可忽略下具有一一对应关系）。

（3）利用形式化分析工具验证协议。

在 UCSA 框架研究中，主要解决的是前两步的实现。

2.5 零知识证明协议

为了便于理解零知识证明，先给出三个经典的零知识证明例子。

例 2.1：假定某房间只能用钥匙打开锁才能进房间，别无其他途径可以进房间。A 要向 B 证明自己拥有该房间的钥匙。有两个方法可选：（1）A 把钥匙出示给 B，B 用钥匙打开房间的锁，从而证明 A 确实拥有该房间的钥匙；（2）B 确定该房间内有某一物体，A 用自己拥有的钥匙打开该房间的门，然后把物体拿出来给 B，从而证明自己拥有该房间的钥匙。假设钥匙需要保密，不能让别人看到它的样子，否则见到的人会有办法克隆它的模样，从而将钥匙泄漏。方法 2 属于零知识证明，能完成使 B 相信 A 拥有房间钥匙的证明，且整个证明过程中，B 始终不能看到钥匙的样子，从而避免了钥匙的泄露。

例 2.2：A 拥有 B 的公钥，A 没有见过 B，而 B 见过 A 的照片，偶然一天二人见面了，B 认出了 A，但 A 不能确定面前的人是 B，这时 B 要向 A 证明自己是 B。有两个方法：（1）B 把自己的私钥给 A，A 用这个私钥对某个数据加密，然后用 B 的公钥解密，如果正确，则证明对方确实是 B；（2）A 给出一个随机值，B 用自己的私钥对其加密，然后把加密后的数据交给 A，A 用 B 的公钥解密，如果能够得到原来的随机值，则相信对方是 B。后面的方法属于零知识证明。

例 2.3：图 2-4 中，C 和 D 之间存在一道密门，并且只有知道咒语的人才能打开，站在 A 点看不见站在 B 的人。Peggy 知道咒语并想对 Victor 证明，但证明过程中不想泄露咒语。

Peggy 采用下面的步骤向 Victor 证明：

第 1 步：Peggy 走到 B 点，Victor 站在 A 点，他们互相看不见，这时 Peggy 选择一个方向走到 C 或者 D,并向 Victor 呼喊准备好了；

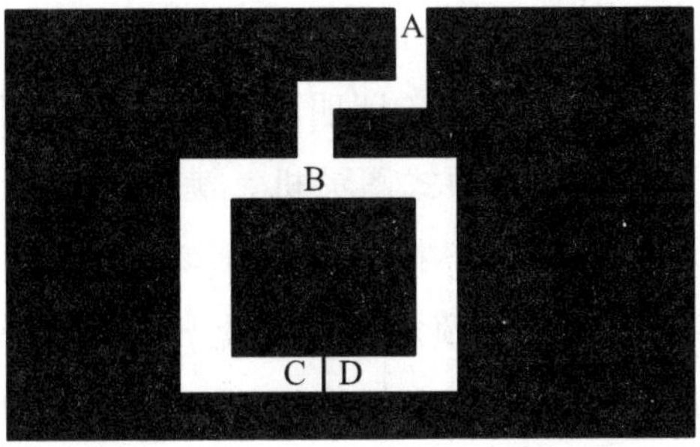

图 2-4 洞穴零知识证明示意图

第 2 步：Victor 从 A 点走到 B 点，并要求 Peggy 从左边或从右边走出来；

第 3 步：如果要求出来方向与 Peggy 进去方向一致，那他直接走出来，否则，只有用咒语打开密门，才能从 Victor 要求的一边出来。

他们重复上述证明过程，直到 Victor 相信 Peggy 确实知道打开密门的咒语为止。Peggy 向 Victor 证明了他知道咒语，但没有向 Victor 透露一点关于咒语本身的信息，这个证明也是零知识证明。如果 Peggy 不知道咒语，那么一个证明回合中，他骗过 Victor 成功证明自己知道咒语的概率是 0.5；如果重复执行 n 次，那他能成功欺骗的概率为 2^{-n}，当 n 足够大时，事件发生的可能性可以忽略不计。

1. 零知识证明的基本概念

任何 NP 难语言 L，存在证据关系 $R=\{<X,\omega>\}$，有多项式表达式 $P(.)$，满足 $|\omega|\leqslant p(|x|)$，从 x 求出 ω 是 NP 难问题，判断 $<x,\omega>\in R$ 是多项式时间问题。一般称 ω 是 $x\in L$ 的证据。令 $<P,V>(x)\in\{0,1\}$ 为公共输入 x 下 V 和 P 交互后 V 的输出，1 表示 V 相信 $x\in L$，0 表示 V 认为 $x\notin L$。令 M_{V^*} 为验证者 V^* 的模拟者，$View_{V^*}^{P}(x)$ 为验证者 V^* 与证明者 P 进行交互后获取的消息集合。

定义 2.1（零知识证明系统）一对交互图灵机$<P,V>$称为语言L的零知识交互证明系统，其中P（证明者）为概率图灵机，能力不受限制，V（验证者）为概率多项式图灵机，满足以下条件：

完备性（Completeness）：在给定安全参数k和可忽略函数$\varepsilon(.)$下，对所有$x \in L$，P一定会运行预定算法，使$p((P,V)(x)=1) \geqslant \varepsilon(k)$。

可靠性（Soundness）：在给定安全参数k和可忽略函数$\varepsilon(.)$下，对任意$x \notin L$，P运行所有算法，都有$p((P,V)(x)=1) \leqslant \varepsilon(k)$。

零知识（Zero-Knowledge）：对任何多项式时间验证者，存在合理的模拟者M_{V^*}，使$\{View_{V^*}^{P}(x)\}_{x \in L} \approx \{M_{V^*}\}$成立。

密码协议中，所有参与者能力有限，在密码协议执行模型中，代表参与者的图灵机为概率多项式图灵机。在零知识证明协议中，证明者的不受限能力通过给予相应的私有输入刻画。令$<P(\omega),V>(x) \in \{0,1\}$为公共输入$x$和$P$的私有输入$\omega$下$V$和$P$交互后$V$的输出。另外，零知识证明协议的构造需要利用公共参考串，攻击者往往会发起多个与证明者的交互证明。设D为公共参考串集合，$\mathcal{D}_k$为在安全参数k下对公共参考串的分配算法。$\boxed{A}$为A的协议封装器，它处理通信带上的两类输入：$-(Start,\pi,x,w)$，$\boxed{A}$启动一个新的A，并标记为π，给予公共输入x，私有输入w，新产生的随机数r，与$\boxed{A}$一样的公共参考串σ；$-(Mess,\pi,m)$，将消息m发给标号为π的A，并取回它的输出。证明仿真器$\mathcal{S}=(\mathcal{S}_1,\mathcal{S}_2)$，其中$\mathcal{S}_1$为多项式时间机，$\mathcal{S}_1$：$\mathcal{S}_1(1^K) \to (\sigma,\tau)$，仿真公共参考串和私有输入的选择；$\mathcal{S}_2$为证明者仿真器。一般用$\mathcal{S}_{null}$表示空仿真，即一个空进程，什么都不用做。实验$Expt_{\mathcal{A}}(k)$为$\{\sigma \xleftarrow{R} \mathcal{D}_k\}$；$\mathrm{Re}turn(<\boxed{A},\mathcal{A}>_{[\sigma]})$。实验$Expt_{\mathcal{A}}^{\mathcal{S}}(k)$为$(\sigma,\tau) \xleftarrow{R} S_1(1^k)$；$\mathrm{Re}turn(\mathcal{S}_2'(\tau),A>_{[\sigma]})$，其中，如果输入满足$R(x,\omega)=1$，$\mathcal{S}_2'(\tau)=\mathcal{S}_2(\tau)$；否则$\mathcal{S}_2'(\tau)=\mathcal{S}_{null}$。一般零知识证明协议系统由下面系统来描述。

定义 2.2（**零知识证明协议系统**）$\Pi=(D,P,V,\mathcal{S}=(\mathcal{S}_1,\mathcal{S}_2))$是 NP 难语言 L（证据二元关系 $R=\{<x,\omega>\}$）的零知识证明协议，其中 P、V 和 $\mathcal{S}_2$ 是概率多项式时间交互机，$\mathcal{S}_1$ 是概率多项式时间机，要求满足下面条件：

完备性（Completeness）：在给定安全参数 k 和可忽略函数 $\varepsilon(.)$ 下，对所有 $x\in L$，如果 $R(x,\omega)=1$，那么 $p((P(\omega),V)(x)=0)\leqslant\varepsilon(k)$。完备性指语言 L 中所有成员的有效证据通过系统判断能高概率地得到正确的结果。

可靠性（Soundness）：在给定安全参数 k 和可忽略函数 $\varepsilon(.)$ 下，对所有多项式时间攻击者 $\mathcal{A}$，对于所有的 $R(x,\omega)=0$，一定有 $p((A(\omega),V)(x)=1)\leqslant\varepsilon(k)$，即证明者不拥有 x 的证据 ω，却被验证者误判拥有证据的错误证明事件发生概率可以忽略。可靠性刻画的是系统执行的判断对 L 语言的解释具有高概率的正确性。

零知识（Zero-Knowledge）：对于所有多项式时间攻击者 $\mathcal{A}$，有 $|\,p(Expt_{\mathcal{A}}(k)=1)-p(Expt_{\mathcal{A}}^{\mathcal{S}}(k)=1)|\leqslant\varepsilon(k)$。即假设 φ 是验证者 V 在证明之前拥有的消息集合，$CL(\varphi)$ 为 V 对消息集合 φ 的合理操作下的知识闭包，在验证完成后，除了具有能判断证明者是否拥有证据 ω 外，它的知识闭包还是 $CL(\varphi)$。

设 $R=\{<x,\omega>\}$ 为二元关系，对集合满足：（1）存在多项式 $p(.)$，对任何 $<x,\omega>\in R$，满足 $\omega|\leqslant p(|x|)$；（2）R 在多项时间内能判断。设 $L_x=\{x:<x,\omega>\in R\}$ 是定义在关系 R 上的语言；设 $L\subseteq L_x$，且 $x\in L_x$ 在多项式时间可以判断；设 $a_1a_2a_3\ldots$ 为协议运行中产生的会话序列，$a_1(.)a_2(.)a_3(.)\ldots$ 为协议中产生每一个会话的算法。

定义 2.3（Σ–**协议**）Σ 协议 (P,V) 是证明者 P（概率多项交互机）和验证者 V（概率多项时间交互机）之间关于 L 的由三个交互动作组成的协议。P先发起第一个交互动作，V运行第二个交互动作给予P一位随机数作为P的挑战回应，P在第三个交互动作中根据收到的随机数给予相应的回答。设$a_1a_2a_3$为P与V之间的会话，$a_1(.)$，$a_2(.)$和$a_3(.)$分别为产生会话a_1,a_2,a_3的算法。对于$<x,\omega>$，$(P(\omega),V)(x)\in\{0,1\}$表示在给定共同输入$x$和$P$的私有输入$\omega$下，$V$在执行完与$P$的交互后的输出，1 表示接收会话，0 表示拒绝会话。其中，$a_1(.)$，$a_2(.)$，$a_3(.)$和R是公开的。Σ协议(P,V)要求满足下列条件：

特殊的弱可靠性（WSS）：让$a_1a_2a_3$和$a_1a_2'a_3'$为输入x的可接收会话，如果$a_2\neq a_2'$，则$x\in L_X$。

特殊的诚实证明者零知识性（SHVZK）：存在协议证明仿真器，在输入$x\in L$，它获得的仿真会话和诚实参与者运行协议产生的会话分布是统计不可区分的。

对一些L_{R_2}协议(P,V)，还要求：

特殊可靠性（SS）：对输入x，获得两个接收会话$a_1a_2a_3$和$a_1a_2'a_3'$，且$a_2\neq a_2'$，那么可以推出证据ω，使得$R(x,\omega)=1$。

定义 2.4（*OR*-**协议**）设有两个Σ协议(P_1,V_1)和(P_2,V_2)，它们分别对应于语言L_{R_1}和L_{R_2}。*OR*-协议$(P_{OR},V_{OR})_{L_{R_1},L_{R_2}}$的共同输入为$(x_1,x_2)\in L_{R_1}\times L_{R_2}$和私有输入为$\omega$，证明者$P_{OR}$向验证者$V_{OR}$证明$R_1(x_1,\omega)=1 or R_2(x_2,\omega)$。验证者输出$(P_{OR}(\omega),V_{OR})(x_1,x_2)\in\{0,1\}$。对于可以接受的会话，验证者不知道是$R_1(x_1,\omega)=1$还是$R_2(x_2,\omega)=1$。针对$(P_1,V_1)$和$(P_2,V_2)$构造的*OR*-协议一般记为$(P_1,V_1)\vee(P_2,V_2)$或者$((P_1,V_1)(P_2,V_2))$。

定义 2.5（Ω-**协议**）为二元关系集R和公共参考串σ的Ω-协议$(P,V)_{[\sigma]}$是特殊的为二元关系集R的Σ-协议(P,V)，除了满足Σ-协议

的要求外，还必须满足下面条件：

σ 从给定的参考串集 D 中获取，并作为算法 $a_1(.)$，$a_2(.)$，$a_3(.)$ 的参数。

存在多项式时间提取器 $\varepsilon(\varepsilon_1,\varepsilon_2)$，其中 $(\sigma,\tau)\leftarrow\varepsilon_1(1^k)$ 的分布与 D 中公共参考串集合 D 中的参考串的分布统计不可区分；

关于 $x\in L_X$ 的两个接收会话 $a_1a_2a_3$，$a_1a_2'a_3'$，$a_1a_2'a_3'$，有 $\varepsilon_2(x,\tau,(a_1,a_2,a_3))=\omega$，且 $R(x,\omega)=1$。

2. 零知识证明协议的分类

从 ZK 协议的定义中，可以根据它们组成方式和判断标准进行不同的分类。

（1）根据验证者是否需要发出随机数，可分为交互式零知识协议（IZK）和非交互式零知识证明协议（NIZK）。

IZK 协议一般结构如下：

1st：证明者向验证者发出两种承诺；

2nd：验证者随机要求公开一种承诺；

3rd：证明者公开一种承诺；

4th：重复上述过程 n 次。

在 NIZK 协议中，IZK 协议中验证者随机数的产生由陷门随机数产生函数代替，可以减少协议中的交互过程。一般 NIZK 协议结构如下：

1st：证明者使用拥有的信息把原难题随机变换成 n 道不同难题，并将每个难题作为单向散列函数的输入，获取单向散列函数输出的头位，n 道难题就获得 n 位随机数；根据对应随机数，提供随机变化过程或新难题的答案；

2nd：验证者或者其他感兴趣的人可以根据公布内容做验证。

（2）在定义中，用公式 $|pr(Expt_A(k)=1)-pr(Expt_A^S(k)=1)|\leqslant\varepsilon(k)$ 刻画零知识属性。进一步可以将 ZK 协议分为：

完美零知识协议：要求 $Expt_A(k)=Expt_A^S(k)$；

计算零知识协议：要求 $\sum Expt_A(k)$ 与 $Expt_A^S(k)$ 不可区分；

统计零知识协议：要求 $Expt_A(k)$ 与 $Expt_A^S(k)$ 的分布统计不可区分。

完美零知识协议要求最高，它是理想化的，统计零知识要求介于计算零知识和完美零知识要求之间，是最常用的一种零知识属性要求。

（3）根据是否利用公共参考串，分为协议和Ω-协议。

3. 零知识证明协议的应用

ZK 协议具有非常重要的应用价值，一方面可用于数学难题的 ZK 证明；另一方面用于密码任务的实现。下面列出一些常用零知识证明协议解决的问题：

匿名通信；

消息认证；

不可认证通信；

数字签名；

无记号分配；

身份认证；

哈密尔顿图的零知识证明；

离散对数的零知识证明；

n 是 Blum 数的零知识证明等。

4. 零知识证明协议的意义

构造和使用 ZK 协议，具有如下重要意义：

增强应用的安全性；

高效性，ZK 协议运行计算量小，双方交换信息量少；

避免了直接使用有政府限制的加密算法，给相关产品的出口带来了优势；

通过 ZK 协议为基件，能容易完成安全的双方或者多方计算的设计和实现，能容易完成密码协议的设计。

5. ZK 协议的安全性及常见攻击方法

ZK 协议最受关注的安全性有并发性、扩展性、模拟可靠性和通用可组合性等。并发性是指证明者同时与多个验证者进行交互，攻击者组合它们之间的会话消息，产生仿真者不能有效模拟的交互。扩展性指攻击者在一个交互中充当验证者，另一个交互中充当证明者，它通过直接转发接收到的消息，完成其本身不能完成的有效证明。模拟可靠性指攻击者看到一些模拟证明过程后，不能对一个不成立的命题构造出有效的证明。通用可组合性安全程度最高，协议满足通用可组合性时，同时满足并发性和不可扩展性。由于零知识证明协议的会话具有零知识性，因此一般协议中攻击者设法知道会话内容的攻击方法对零知识证明协议无效，对零知识证明协议攻击的方法主要是中间人攻击，这种攻击方式及攻击效果可以从下面两个经典的实例中看到。

例 2.4：象棋大师问题。

假设 B 和 C 是象棋高手，A 不是象棋高手，但他想通过与 B 和与 C 下棋证明他是象棋高手。在互联网上，他同时参与和 B、C 的对弈,并把 B 走的棋子用去和 C 走,C 走的棋子用去和 B 走。最终,B 和 C 都认为 A 是象棋高手。事实上,下棋中他是代表 B 与 C 走棋,真正的对弈是 B 与 C 发生的。

例 2.5:黑手党骗局。

Alice 在 Bob(黑手党)的店中消费,此时,Carol(黑手党)按照计划到 Dave 店中消费。Bob 和 Carol 随时可以通过一条秘密的方式保持联系。而 Alice 和 Dave 对即将到来的骗局一无所知。当 Alice 准备结账并对 Bob 证明其身份时,Bob 立刻发信号给 Carol 让他准备行动,此时的 Carol 也要求结账,Dave 准备证明其身份,当 Dave 开始提问时,用无线电把问题传给 Bob,Bob 则向 Alice 询问同样的问题,通过无线电传给 Carol,最终转走了 Alice 的钱。

本章小结

本章主要介绍了研究工作中的三个对象:UC 安全模型、UCSA 模型和零知识证明。为了能准确理解它们,前两节先介绍密码协议和多带交互式图灵机。UC 安全模型的主要内容包括安全性的定义和组合定理。通过简单介绍,可以看出 UC 安全模型定义了一个更强的安全性。UCSA 模型是将 UC 安全模型中定义的安全性进行形式化分析的解决方案,主要介绍了其核心部件程序语言、映射和形式化分析流程。零知识证明协议是我们分析的主要对象,因而对它的介绍相对更详细,包括零知识证明的形式化定义、分类、应用、安全性和受到攻击的方法等。

第 3 章

UC 安全模型的可描述性和模块化设计与分析

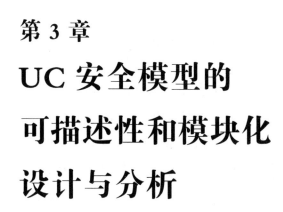

UC 安全模型定义的安全性很强、很实用，当协议运行到一个分析时没有考虑到的环境中，或者作为一个大系统的任意子系统时，安全性同样能被保持。但是，直接利用 Canetti 在文献[1]中描述的 UC 安全模型去分析协议比较困难，很多证明需要采用一定的技巧，描述方式不完全一致。另外，UC 安全模型理论上能实现协议的模块化设计和分析，但具体的实现方法很少见到。本章针对这两个问题研究 UC 框架，使 UC 安全模型更容易证明类似协议能 UC 安全性实现理想函数的命题，并提出 UC 安全模型中协议的模块化设计与分析的过程和方法。

3.1 UC 安全模型的可描述性

为了增加 UC 安全模型的可描述性，容易利用 UC 安全模型对密码协议进行安全性分析，作者做了两点工作：在攻击者与攻击仿真之间引入一对仿真带，详细刻画仿真者对敌手的仿真过程；对协议执行输出和环境输出做明确定义。在这个工作上，重新描述 UC 安全模型。在新的 UC 模型下，证明 UC 组合定理，从而可以看出这些工作的必要性。

3.1.1 攻击者与攻击仿真者之间的交互

在 UC 模型中，协议的安全性通过对协议执行进行安全仿真来刻画。为了能刻画协议实际执行中网络环境，在描述协议执行系统中引入一台代表攻击者的 MITM $\mathcal{A}$ 。用 $\mathcal{A}$ 去刻画复杂的网络通信，描述网络中传输的消息可能遭到攻击者的特殊处理，如消息顺序被恶意重组，消息发送被延时，消息中被插入一些有故意目的消息项等。安全仿真系统中敌手行为通过一台敌手仿真者 MITM $\mathcal{S}$ 模仿。为了能更好地描述仿真过程，给 $\mathcal{A}$ 与 $\mathcal{S}$ 之间增加一对仿真带，一条对 $\mathcal{A}$ 只写不能读，对 $\mathcal{S}$ 只读不能写，另一条反之。为了便于区别与描述，将 $\mathcal{A}$ 与 $\mathcal{S}$ 之间的交互称为外部交互，它们与协议运行中的其他参与者之间的交互称为内部交互。$\mathcal{A}$ 通过内部交互发送消息时，它将其当前的状态和发送的消息写入仿真带。当 $\mathcal{A}$ 从内部交互中获得回应消息时，它也从仿真带上读取仿真者 $\mathcal{S}$ 给的回应，将两个进行比较：如果能区别，向环境 $\mathcal{Z}$ 输出一位 0，否则向环境 $\mathcal{Z}$ 输出一位 1。当 $\mathcal{S}$ 从仿真带读取消息后，它要么直接利用 $\mathcal{A}$ 给的消息，要么调用理想函数获得相应的辅助消息，在合理的能力范围内，仿造 $\mathcal{A}$ 在内部交互中可能获得的消息，写入仿真带，并向环境 $\mathcal{Z}$ 输出一位 1，表示成功完成了一次敌手的仿真操作。仿真过程如图 3-1 所示。

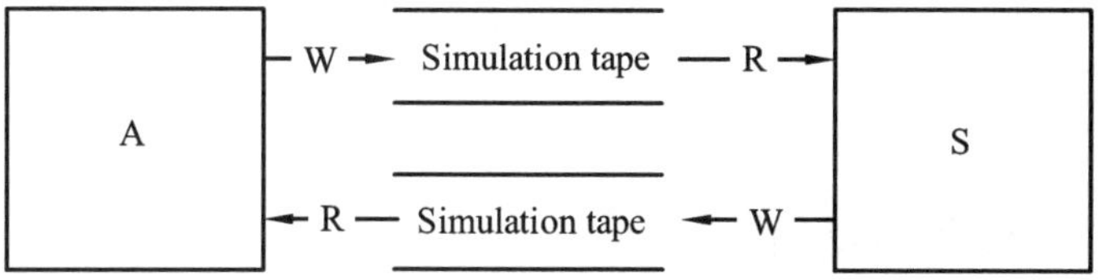

图 3-1　攻击者与攻击仿真者之间的仿真交互

3.1.2　协议执行输出

UC 安全模型中，有真实协议的执行和理想协议的执行，但对它们的输出描述含糊。协议的执行输出应该包括参与者运行每一个动作之后的输出和攻击者的状态变化序列，这在协议分析中常常需要用到。而 UC 模型中定义的协议执行的输出不是真正的输出，而是环境对两个协议模型执行输出进行比较而得出的相对输出。为了区别它们，把前者称为协议执行输出，后者称为环境输出。记协议

π 的真实执行输出为 $o_\pi = \bigcup_{i=1}^{n} o_{P_i} \cup o_{\mathcal{A}}$，其中，$o_{P_i} = o_{P_{ia_0}} \cup \cdots \cup o_{P_{ia_m}}$ 为协议参与者的输出，即参与者执行每一个动作之后对系统的输出；$o_{\mathcal{A}} = \mathcal{S}_{\mathcal{A}_0} \cup \cdots \cup \mathcal{S}_{\mathcal{A}_k}$ 为攻击者的状态变化序列。记由理想函数 $\mathcal{F}$ 构成的理想协议的执行输出为 $o_{\mathcal{F}} = \bigcup_{i=1}^{n} o'_i \cup o_{\mathcal{S}}$，其中，$o_{P'_i} = o_{P'_{ia_0}} \cup \cdots \cup o_{P'_{ia_m}}$ 为虚拟参与者的仿造输出，它或者由理想协议运行产生，或者由攻击仿真者通过一些合理操作产生；$o_{\mathcal{S}} = S_{\mathcal{S}_0} \cup \cdots \cup S_{\mathcal{S}_k}$ 为仿真者模仿攻击者行为的状态变化序列。

记 $REAL_{\pi,A,Z} = \begin{cases}1\\0\end{cases}$ 为协议 π 的真实执行后环境输出，并定义为

$$REAL_{\pi,A,Z} = \begin{cases}1 & \text{if } \ Q_\pi \approx Q_F, \\ 0 & \text{otherwise.}\end{cases}$$

记 $IDEAL_{F,S,Z}$ 为理想函数构成的理想协议执行后环境输出，并定义 $IDEAL_{F,S,Z}=1$。

3.1.3 UC 模型的重新描述

在上面工作基础之上，将 UC 模型进行重新描述。

1. 真实协议执行描述

描述真实协议执行的系统包括参与者（n 个）、攻击者 $\mathcal{A}$ 和环境 $\mathcal{Z}$，共 $n+2$ 台 MITM。环境 $\mathcal{Z}$ 给代表协议参与者的多带图灵机赋初始值，如协议参与者的密钥、协议运行会话标号、参与方身份标识、安全参数等，同时接收协议运行输出。用攻击者 $\mathcal{A}$ 描述复杂的网络环境，它是协议运行中可能受到攻击的动作集合。在协议执行中，$\mathcal{Z}$ 可以访问代表参与方的 MITM 的输入和输出带，但它不能访问它

们的网络通信带。$\mathcal{A}$控制参与方P_i的网络消息输入和输出带，消息发出后，由它控制消息的传达。$\mathcal{A}$和$\mathcal{Z}$直接交互，$\mathcal{A}$可以通过与$\mathcal{Z}$的交互，让$\mathcal{Z}$给参与者P_i输入一些特殊的值；$\mathcal{Z}$与$\mathcal{A}$交互，记录它的运行状态。

带仿真带的$n+2$台 MITM 系统描述协议执行过程如下：

$$\text{While } halt_{\mathcal{Z}}=0$$

if $activation_{\mathcal{Z}}=1$，环境$\mathcal{Z}$被激活。它首先读取参与者$P_1,P_2,\cdots,P_n$和敌手$\mathcal{A}$的输出带上的内容，然后判断是否要停止。如果停止，将$halt_{\mathcal{Z}}$设为 1，判断$o_\pi \approx o_F$是否成立，为$REAL_{\pi,A,Z}$设置相应值，输出$REAL_{\pi,A,Z}$。如果它需要激活参与者$P_i(P_i\in\{P_1,P_2,\cdots,P_n\})$或者敌手$\mathcal{A}$，在它们对应的输入带上写入消息，并将对应的$activation_{P_i}$或者$activation_{\mathcal{A}}$设为 1，然后将$activation_{\mathcal{Z}}$设为 0，进入等待状态。

if $activation_{P_i}=1$，P_i被激活。它读取系统输入带和网络输入带上的内容，根据自己的动作带上的指令运行，并在网络输出带上写入发给其他参与者的消息，在系统输出带上写入动作结束时的输出。动作结束，它要么进入等待状态，要么进入停止状态。根据不同情况修改$activation_{P_i}$和$halt_{P_i}$的值。如果进入等待状态，等待被激活的事件发生。

如果$activation_{\mathcal{A}}=1$，敌手$\mathcal{A}$被激。它根据自己的动作指令运行，并做如下事件：

读取参与者$P_i(P_i\in\{P_1,P_2,\cdots,P_n\}$网络输出带上的消息；

读取输入带上环境$\mathcal{Z}$给的输入；

向参与者P_j发送消息，并将发送的消息和当前$\mathcal{A}$的状态写入仿真带；

当 P_i 被攻破时，$\mathcal{A}$ 冒充 P_i 的身份参与协议运行。

2. 理想协议执行过程描述

定义密码协议的安全性时，需要定义一个能安全实现安全任务的理想协议。在理想协议中，最核心的部件是理想函数。理想函数是对安全任务的一个抽象描述，理想协议中的参与者向它发出的每一个请求，都能给予正确的答案。假设 π 是能安全实现某个安全任务的真实协议，$\pi(P_i,x)=y$ 表示 P_i 在输入 x 下安全运行协议 π 后得到输出 y，为这个安全任务定义理想函数 F，那么 P_i 可以直接向 F 输入 x，获得 y，即 $F(P_i,x)=y$。

由代表理想函数 F，虚构参与者 $p_1',p_2',\cdots,p_n'$，敌手仿真者 $\mathcal{S}$ 和环境 $\mathcal{Z}$ 的 $n+3$ 台 MITM 组成的系统描述理想协议的执行。理想函数的身份标识设为 ideal，不带输入和输出带，参与者直接通过网络通信带与其交互。参与者和敌手仿真者都可以直接在理想函数的网络通信输入带上写入消息，理想函数直接把输出消息放到对方的网络输入带上。虚拟参与者将环境给予的输入直接提供给理想函数，从理想函数接收协议运行结果，并直接转发给环境。敌手仿真者通过仿真带与实际协议执行中的敌手 $\mathcal{A}$ 进行交互，当从仿真带上读到消息后，通过自身可行操作，或者调用理想函数，仿真参与者在真实协议执行中产生的消息或者敌手攻击者可能的状态变化。

带仿真带的 $n+3$ 台 MITM 系统描述的理想协议的执行过程如下：

$$\text{While } halt_{\mathcal{Z}}=0$$

if $activation_{\mathcal{Z}}=1$，环境 $\mathcal{Z}$ 被激活。它首先读取虚构参与者

$P_1',P_2',\cdots,P_n'$和敌手仿真者$P_1',P_2',\cdots,P_n'$的输出带上的内容，然后判断是否要停止。如果停止，将$halt_{\mathcal{Z}}$设为 1，$IDEAL_{F,S,Z}$设为 1，输出$IDEAL_{F,S,Z}$；如果协议没有完成，根据需要，向虚拟参与者$P_i'(P_i' \in \{P_1',P_2',\cdots,P_n'\})$或者敌手仿真者$\mathcal{S}$的输入带上写入消息，并将对应的$activation_{P_i'}$或者$activation_{\mathcal{S}}$设为 1，将$activation_{\mathcal{Z}}$设为 0，进入等待状态。

if $activation_{P_i'}=1$，虚拟P_i'被激活。它读取输入带上的内容并简单地写入理想函数的网络消息输入带上，并将从理想函数F读取到的消息写入输出带，将$activation_{P_i'}$设为 0，进入等待状态。

if $activation_{\mathcal{S}}=1$，敌手仿真者$\mathcal{S}$被激活。它根据自己的指令参与理想协议的运行，同时可能做下面的事件：

向理想函数F发送相应的消息；

根据在理想协议中获得的消息，构造相应的消息写入输出带；

仿真$\mathcal{A}$向环境输出消息；

仿真真实协议中参与者给$\mathcal{A}$回应的消息；

当P_i被攻破时，$\mathcal{S}$冒充P_i'的身份参与协议运行。

if $activation_F=1$，理想函数F被激活。它根据自己的程序运行，进入等待或者停止状态。首先F读取输入带上的内容，通过计算给与对方相应的回答；另外，在执行中可能会给攻击仿真者$\mathcal{S}$输出消息，那样的话直接在敌手仿真者的消息输入带上写入消息，且敌手仿真者就是下一个被激活的对象。

3. UC 安全性

定义 3.1（UC 安全性）设$n \in N$，π是实现某个安全任务的n方协议，F是这个安全任务的理想函数，C是基于一定假设下的某类敌手集，$\mathcal{S}$ 是对 $\mathcal{A}$ 的模仿者，$IDEAL_{F,S,Z}$ 和 $REAL_{\pi,A,Z}$ 分别为实际协议执行和理想协议执行时的环境输出。对任何 $\mathcal{A}\in\mathcal{C}$，都可以构造出合理的仿真 $\mathcal{S}$，使得任意的环境 $\mathcal{Z}$，都有 $IDEAL_{F,S,Z}\approx REAL_{\pi,A,Z}$，则称 π 能 UC 安全实现 F，具有 UC 安全性。一般把满足这种安全的协议称为 UC 协议。

这里的 UC 安全性定义与 Canetti 定义的没有任何区别，只是通过上面的描述，对 $IDEAL_{F,S,Z}$ 和 $REAL_{\pi,A,Z}$ 产生过程有了清晰的描述，对证明协议能 UC 安全实现理想函数命题的描述容易得多。

3.1.4 密码协议的组合

接下来用上面描述的 UC 模型去重新描述秘密协议的组合和组合定理，从中可以看出我们所做工作的优势。

在协议的构造中，很多操作可以调用已有的安全操作，上面定义的理想函数可以看成是一个安全操作，因此可以直接对理想函数进行调用。为了后面描述方面，先做一些规定。由于协议中可能会多次调用到同一个理想函数，为了能将它们及给它们的消息区别开，为理想函数引入会话标号（SessionID，SID），将不同理想函数的调用系统分与不同的 SID。可以通过在代表不同理想函数的 MITM 的身份带上写入 SID，另外发送的消息也专门用一块区域来描述 SID。这样在协议的运行中就可以区分理想函数的不同次运行和发送的消息属于理想函数的哪个运行回合。

定义 3.2（*F*-**混杂模型**）在协议的真实运用模型中，参与者调用理想函数，加入了理想模型的运行，称这样的运行模型为混杂模型，如果理想函数为 F，则称为 F-混杂模型。

设 π 是一个运行在 F-混杂模型中的 n 方安全协议，参与者

$P_1, P_2, \cdots, P_n$在协议运行中可以调用多次理想函数F，协议运行中有攻击者$\mathcal{A}$和环境$\mathcal{Z}$。协议π的实际运行过程如下：

While $halt_{\mathcal{Z}} = 0$

if $activation_{\mathcal{Z}} = 1$，环境$\mathcal{Z}$被激活。它首先读取参与者$P_1, P_2, \cdots, P_n$和敌手$\mathcal{A}$的输出带上的内容，然后判断是否要停止。如果停止，判断$o_\pi \approx o_F$是否成立，为$REAL_{\pi,A,Z}$设置相应的值，输出$REAL_{\pi,A,Z}$，将$halt_{\mathcal{Z}}$设为 1；如果它需要激活参与者$P_i(P_i \in \{P_1, P_2, \cdots, P_n\})$或者敌手$\mathcal{A}$，则在它们对应的输入带上写入消息，并将对应的$F$或者$activation_{\mathcal{A}}$设为1，将$activation_{\mathcal{Z}}$设为 0，进入等待状态。$\mathcal{Z}$不能调用$F$或者访问$F$的消息。

if $activation_{P_i}$，P_i被激活。它读取输入带上的内容、网络输入带上的内容或者被它调用的F的输出内容。然后根据自己的命令运行，在输出带上写上输出内容，同时可能做如下的事情：

在网络消息输出带上写入发给其他参与者的内容；

可能给理想函数的网络消息输入带上写入消息，调用理想函数F。

运行结束，它进入等待状态或者停止状态，根据其情况修改$activation_{P_i}$和$halt_{P_i}$。如果进入等待状态，等待被激活的事件发生。

if $activation_{\mathcal{A}} = 1$，攻击者$\mathcal{A}$被激。它根据自己的程序运行，并在输出带上写入输出。同时可能做下面的事件：

读取参与者$P_i(P_i \in \{P_1, P_2, \cdots, P_n\})$和$F$的网络输出带上的消息和环境$\mathcal{Z}$给$\mathcal{A}$输入带上的消息；

向参与者P_j发送消息；

根据环境$\mathcal{Z}$的请求和自己拥有的知识计算，在其本地输入带上写上消息；

当 P_i 被攻破时，$\mathcal{A}$ 冒充 P_i 的身份参与协议运行；

将它活动时的消息和当前状态写入仿真带。

if $activation_F=1$，理想函数 F 被激活。它根据自己的程序运行，进入等待或者停止状态。F 读取输入带上的内容，通过计算给予对方相应的回答。它可以将给参与者的消息写在它的网络消息输出带上，也可以直接写在参与者的网络消息输入带上。另外，它也可以给敌手仿真者的消息输入带上写入消息，那样敌手仿真者就是下一个被激活的对象。

定义 3.3（**组合协议**）设 π 是 F-混杂模型中的一个协议，组合协议 $P_1,P_2,\cdots,P_n$ 通过对 π 进行如下替换得到（设参加协议 π 的参与者是 $P_1,P_2,\cdots,P_n$，参加协议 π^p 的参与者是 $P_1',P_2',\cdots,P_n'$）：

在 π 中，当 P_i 向 F_{sid} 发送消息 x_{sid} 时，π^p 中相应操作如下：

如果 x_{sid} 是给 F_{sid} 的第一条消息，P_i' 调用 ρ 的新实例，记为 ρ_{sid}；同时用消息 x_{sid} 和随机数串去激活 ρ_{sid}；

否则直接将 x 传给已运行的 ρ_{sid}。

当 π 中有 F_{sid} 向 P_i 发送消息 $x_{i,sid}$，协议 π^ρ 中 ρ_{sid} 向 ρ_i' 发送消息 $x_{i,sid}$。

任何时候 F_{sid} 被消息 $x_{i,sid}$ 激活时，ρ_{sid} 也被 $x_{i,sid}$ 激活。

当 F_{sid} 输出 y 时，ρ_{sid} 也输出 y。

定理（**组合定理**）设 $\mathcal{C}$ 是基于一定假设条件下的攻击者集合，F 是某一安全任务的理想函数，ρ 是 UC 安全实现 F 的现实协议，π 是 F-混杂模型中的协议，π^p 是通过上面替换方式获得的现实模型中组合协议，对任何现实协议执行中的 $\mathcal{A}\in\mathcal{C}$，能在 F-混杂模型构造出合理的 $\mathcal{A}$ 的仿真者 H，使得对任意的 $\mathcal{Z}$，式子（3.1）成立。

$$REAL_{\pi^{\rho},A,Z} \approx HYB^{F}_{\pi,H,Z} \quad (3.1)$$

证明：设 m 是 F-混杂模型中能同时运行的 F 副本个数上界，$F^{(l)}$-混杂模型（$0 \leqslant l \leqslant m$）表示在混杂模型中最多同时只有 l 个 F 副本运行，超过 l 后，对 F 的调用，直接替换为对 ρ 的调用，$\pi^{(v)}$（$0 \leqslant l \leqslant m$）表示协议中需要调用 v 个 F 副本。π^{ρ} 在现实模型中的运行等同于 $\pi^{(m)}$ 在 $F^{(0)}$-混杂模型中的运行。π 在 F-混杂模型中的运行等同于 $\pi^{(m)}$ 在 $F^{(m)}$ 混杂模型中的运行。因此，有 $REAL_{\pi^{\rho},A,Z} = HYB^{F(0)}_{\pi^{(m)},H,Z}$，$HYB^{F}_{\pi,H,Z} = HYB^{F(m)}_{\pi^{(m)},H,Z}$。上面式子（3.1）可以写为：

$$HYB^{F(0)}_{\pi^{(m)},H,Z} = HYB^{F(m)}_{\pi^{(m)},H,Z} \quad (3.2)$$

使用反证明法，假设存在一个环境 $\mathcal{Z}$，式子（3.1）不成立，即，存在一个不可忽略的概率 ε，有下面式子成立：

$$|Pr(REAL_{\pi^{\rho},A,Z} = 1) - Pr(HYB^{F}_{\pi,H,Z} = 1)| \geqslant \varepsilon \quad (3.3)$$

通过上面的推论，由式子（3.3），容易得到：

$$|Pr(HYB^{F(0)}_{\pi^{(m)},H,Z} = 1) - Pr(HYB^{F(m)}_{\pi^{(m)},H,Z} = 1)| \geqslant \varepsilon \quad (3.4)$$

很显然，如果式子（3.4）成立，那么一定存在 l（$l \in \{1, \cdots, m\}$），可使下式成立：

$$|Pr(HYB^{F(l)}_{\pi^{(l)},H,Z} = 1) - Pr(HYB^{F(l-1)}_{\pi^{(l)},H,Z} = 1)| \geqslant \varepsilon / m \quad (3.5)$$

注：$HYB^{F(l)}_{\pi^{(l)},H,Z}$ 为 $\pi^{(l)}$ 在 $F^{(l)}$-混杂模型中运行结束时环境输出，运

行中有 l 个 F 副本，$HYB^{F(l-1)}_{\pi^{(l)},H,Z}$ 为 $\pi^{(l)}$ 在 $F^{(l-1)}$-混杂模型中运行结束时环境输出，运行中有 l-1 个 F 副本和 1 个 ρ 实例。

对任何 $l \in \{1,\cdots,m\}$，构造下面 $\pi^{(l)}$ 在 $F^{(l)}$-混杂模型和在 $F^{(l-1)}$-混杂模型的运行。

构造协议 $\pi^{(l)}$ 在 $F^{(l-1)}$-混杂模型中的执行，此时协议 $\pi^{(l)}$ 调用第 l 个理想函数时被替换为子协议 ρ 的调用。假设协议 $\pi^{(l)}$ 的执行有环境 $\mathcal{Z}$ 、攻击者 $\mathcal{H}$ 和参与者 $P_1,P_2,\cdots,P_n$，子协议 ρ 的执行有环境 $\mathcal{Z}_\rho$、攻击者 $\mathcal{A}_p$ 和参与者 $P_1',P_2',\cdots,P_n'$。协议 $\pi^{(l)}$ 和子协议 ρ 的执行相对独立。记 $o_{\pi^l}^{F^{(l-1)}}$ 为协议 $\pi^{(l)}(k,z,r)$（其中，k 是安全参数；z 为环境 $\mathcal{Z}$ 的输入；r 为所有参与者的随机输入串）在 $F^{(l-1)}$ 混杂模型中运行时的输出，o_ρ 为子协议 ρ 运行时的输出。协议 $\pi^{(l)}(k,z,r)$ 运行过程如下：

协议 $\pi^{(l)}$ 根据自己的指令运行，直到下列事件之一发生：

当参与者 P_i 需发送消息 x 给 F 的第 l 个副本时，P_i 在 P_i' 的输入带上写入 x，进入等待状态。在子协议 ρ 执行中，保持 $o_{\pi^l}^{F^{(l-1)}}$ 不变，协议的输出记入 o_ρ 中，并且对于协议 $\pi^{(l)}$ 的激活实体依然是 P_i。接着 P_i' 被激活，根据协议 ρ 的指令，相应的 $\mathcal{Z}_p$、$\mathcal{A}_p$ 和 $P_1',P_2',\cdots,P_n'$ 发生运行。协议 p 完成时，如果给 P_i' 有输出 y，修改 $o_{\pi^l}^{F^{(l-1)}}$ 中 P_i 的输出，添加消息 y_{F_l}，y_{F_l} 表示消息来源于理想函数 F 的第 l 个副本。接着 P_i 进入活动状态。

当要求仿真者 $\mathcal{S}_l$ 提供 F_l 运行状态时，环境 $\mathcal{Z}$ 在 $\mathcal{A}_p$ 的输入带上写入命令“报告运行状态”，并进入等待状态。保持 $o_{\pi^l}^{F^{(l-1)}}$ 不变，并且对于协议 $\pi^{(l)}$，激活实体依然是环境 $\mathcal{Z}$。接下来 $\mathcal{A}_p$ 被激活，它读取参与者 $P_1',P_2',\cdots,P_n'$ 的输出消息和被攻破的参与者的消息，并将它们

写在 $\mathcal{Z}_p$ 的输入带上，激活它。协议运行中只修改 o_p，活动结束，$\mathcal{Z}$ 又变为活动状态。

当要求仿真者 $\mathcal{S}_l$ 将消息 x_{F_l} 发给 P_i 时，$\mathcal{Z}$ 在 $\mathcal{A}_p$ 的输入带上写入消息：转发 x_{F_l} 给 P_i'。之后保持 $o_{\pi^l}^{F^{(l-1)}}$ 不变，并且对协议 $\pi^{(l)}$，激活的实体为 P_i，它处于等待状态。下面 $\mathcal{A}_p$ 激活，读取参与者的网络消息输出带上的消息，将接受者为 P_i' 的消息写入 P_i' 的网络消息输入带。随后子协议 p 运行其他的操作。当结束时，在 P_i 的输入带上写入输出消息 y，并激活实体 P_i。

当要求仿真者 $\mathcal{S}$ 攻破参与者 P_i' 时，环境 $\mathcal{Z}$ 在 $\mathcal{A}_p$ 的输入带上写入消息：攻破 P_i'。保持 $o_{\pi^l}^{F^{(l-1)}}$ 不变，并对协议 $\pi^{(l)}$，激活的实体为 $\mathcal{Z}$，它处于等待状态。之后攻击者 $\mathcal{A}_p$ 被激活，它读取参与者 P_i' 当前局部状态的所有信息，并将 P_i' 的攻破状态变量设为 1。在之后的子协议 p 的运行中，它再也不会被激活，被攻击者 $\mathcal{A}_p$ 冒充代替。自后根据 p 的指令运行，输出相应的 o_p。当 ρ 运行结束后，$\mathcal{Z}$ 被激活。

当 $\mathcal{Z}$ 结束时，$\mathcal{Z}_p$ 结束并且输出 $HYB^{F(l-1)}{}_{\pi^{(l)},H,\mathcal{Z}}$。

另外，构造 $\pi^{(l)}$ 在 $\pi^{(l)}$ 混杂模型中的可行执行，运行中需要调用理想函数 F。$\pi^{(l)}$ 的运用系统有攻击者 $\mathcal{H}$、参与者 $P_1,P_2,\cdots,P_n$ 和环境 $\mathcal{Z}$。由理想函数 F 组成的第 l 个理想协议运行系统有环境 $\mathcal{Z}_p$、攻击仿真者 $\mathcal{S}_l$ 和参与者 $P_1',P_2',\cdots,P_n'$。第 l 个理想协议的执行可以相对协议 $\pi^{(l)}$ 独立。记 $o_{\pi^l}^{F^{(l)}}$ 为协议 $\pi^{(l)}(k,z,r)$（k 是安全参数，z 为环境 $\mathcal{Z}$ 的输入，r 为所有参与者的随机输入串）在 $F^{(l)}$ 混杂模型中运行的输出，o_F 为理想协议运行输出。$\pi^{(l)}(k,z,r)$ 在 $\pi^{(l)}$ 混杂模型中运行情况如下：

协议 $\pi^{(l)}$ 根据自己的指令运行，并输出相应的内容修改 $o_{\pi^l}^{F^{(l)}}$，攻击者 $\mathcal{H}$ 模仿上面构造的现实模型中的攻击者 $\mathcal{A}$ 的行为，直到下列事件之一发生：

当参与者 P_i 需发送消息 $x^{(l)}$（上标表示属于 $\mathcal{F}$ 的第几个副本）给 $\mathcal{F}$ 时，P_i 在 P_i' 的输入带上写入 $x^{(l)}$，进入等待状态。在之后运行的理想进程中，保持 $o_{\pi^l}^{F^{(l)}}$ 不变，并且对于协议 $\pi^{(l)}$，激活实体依然是 P_i。接着 P_i' 被激活，将收到的消息 $x^{(l)}$ 简单地转给 $\mathcal{F}$。根据理想进程的指令，相应的 $\mathcal{Z}_p$、$\mathcal{S}$ 和 $P_1',P_2',\cdots,P_n'$ 发生运行，并对 o_F 做相应的修改。理想进程完成时，如果 P_i' 有输出 y，则在 $o_{\pi^l}^{F^{(l)}}$ 上 P_i 的输出上写入消息 y_F^l，y_F^l 表示消息来源于第 l 个理想函数 $\mathcal{F}$。

当要求仿真者 $\mathcal{S}_l$ 提供 $\mathcal{F}$ 运行状态时，环境 $\mathcal{Z}$ 在 $\mathcal{S}_l$ 的输入带上写入命令“报告 $\mathcal{F}$ 运行状态”，并进入等待状态。保持 $o_{\pi^l}^{F^{(l)}}$ 不变，并且对于协议 $x^{(l)}$，激活实体依然是环境 $\mathcal{Z}$。接下来 $\mathcal{S}$ 被激活，它读取 $\mathcal{F}$ 给参与者 $P_1',P_2',\cdots,P_n'$ 的输出消息和被攻破的参与者的消息，并将它们写在 $\mathcal{Z}_p$ 的输入带上，激活它。$\mathcal{Z}_p$ 活动结束后，$\mathcal{Z}$ 又变为激活实体。

当要求仿真者 $\mathcal{S}$ 将消息 x 发给 P_i' 时，$\mathcal{Z}$ 在 $\mathcal{S}$ 的输入带上写入消息：转发 x 给 P_i'。之后属于理想进程的运行中保持 $o_{\pi^l}^{F^{(l)}}$ 不变，并且对协议 $x^{(l)}$，激活的实体为 P_i，它处于等待状态。接下来 $\mathcal{S}$ 激活，读取理想函数 $\mathcal{F}$ 的网络消息输出带上的消息，将接受者为 P_i' 的消息写入 P_i' 的网络消息输入带。随后其他理想进程指令发生运行。当结束时，在 P_i 的输入带上写入输出消息 y，并激活实体 P_i。

当要求仿真者 $\mathcal{S}$ 攻破参与者 P_i' 时，环境 $\mathcal{Z}$ 在 $\mathcal{S}$ 的输入带上写

入消息：攻破 P_i'。保持 $o_{\pi^l}^{F^{(l)}}$ 不变，并对协议 $\pi^{(l)}$，激活的实体为 $\mathcal{Z}$，它处于等待状态。之后攻击仿真者 $\mathcal{S}$ 被激活，它读取参与者 P_i' 当前局部状态的所有信息，并将 P_i' 的攻破状态变量设为 1。在之后理想进程运行中，P_i' 再也不会被激活，被攻击者 $\mathcal{S}$ 冒充代替。当理想进程运行结束后，$\mathcal{Z}$ 被激活。

当 $\mathcal{Z}$ 结束时，$\mathcal{Z}_p$ 结束并且输出 $\mathcal{Z}$ 的输出值 $HYB^{F(l)}{}_{\pi^{(l)},H,\mathcal{Z}}$。

由上面构造可以看出，$o_{\pi^{(l)}}^{F^{(l-1)}}=o_{\pi^l}^{F^{(l)}}$。

因此，可以得到如下式子：

$$\begin{aligned}&|Pr(HYB_{\pi^{(l)},H,Z}^{F(l)}=1)-Pr(HYB_{\pi^{(l)},H,Z}^{F(l-1)}=1)|\\=&|Pr(IDEAL_{F,S,Z_\rho}=1)-Pr(REAL_{\rho,A_\rho,Z_\rho}=1)|\geqslant\varepsilon/m\end{aligned}$$

这与假设条件协议 p 安全地实现理想函数 $\mathcal{F}$ 矛盾，即与 $IDEAL_{F,S,Z_\rho}\approx REAL_{\rho,A_\rho,Z_\rho}$ 矛盾。假设不成立。

证明完毕。

推理（组合协议的安全） 设 $\mathcal{C}$ 是基于一定假设条件下的攻击者集，F 是某一安全任务的理想函数，p 是一个能在 $\mathcal{C}$ 类攻击者下安全实现 F 的现实协议，π 是 $F-$混杂模型中的协议，π^p 是通过上面替换方式获得的现实模型中组合协议，如果存在一个理想函数 $\mathcal{G}$，π 在 $\mathcal{C}$ 类攻击者下能安全地实现理想函数 $\mathcal{G}$，那么 π^p 在 $\mathcal{C}$ 类攻击者下能安全地实现理想函数 $\mathcal{G}$，即有下面式子成立：

$$REAL_{\pi^\rho,A,Z}\approx IDEAL_{G,S,Z} \tag{3.6}$$

证明： 由假设 π 在 $\mathcal{C}$ 类攻击者下能安全地实现理想函数 $\mathcal{G}$，有

$$IDEAL_{G,S,Z} \approx HYB^{F}_{\pi,H,Z} \tag{3.7}$$

由上面的定理结果 $REAL_{\pi^{\rho},A,Z} \approx HYB^{F}_{\pi,H,Z}$ 和式子（3.7），容易得到式子（3.6）。证明得证。

3.2 协议的模块化设计与分析

安全协议虽然是一个简单分布式程序，由于它们工作环境的开放性、不同步性和不可靠性（如 Internet），使得它们的设计和分析都是一项极其复杂的工作，并且随着它们规模的增大，其分析复杂程度呈指数级的增大（如模型检测中的状态空间爆炸）。在工程设计中，有一种非常好的方法，即模块化的设计方法：将一个复杂的问题分成若干相对简单的子问题，问题的解决依靠一个个子问题的正确可靠解决。因而在遇到问题时将一个复杂的问题的解决转变成一个个相对简单的子问题的解决。但在安全协议问题中，必须保证每个子问题单独时能安全运行，组合时也能够安全运行。可以利用上面介绍的 UC 框架，在组合定理的保证下，将模块化思想运用到密码协议的设计和分析中。下面先描述方法，然后通过设计和分析相应的协议说明这套方法的可行性和有效性。

3.2.1 基础假设

在安全任务中，需要用到基于数学难题构造的基础密码工具，在我们的分析中不再去研究它们可能存在的问题，都假定它们具有完美的安全性，或者假定它们中可能包含的坏事件都是概率可忽略事件。一般假设有：

随机函数 r 的随机性，可以用两种方式去解释：（1）运行 $r(k)$（k 是安全参数）两次，获得两个随机数 r_i 和 r_j，$r_i = r_j$ 是概率可忽略事件；（2）有两个 $r(k)$ 的运行实例，它们分别产生两个随机数 r_1 和 r_2，把 r_1 与 r_2 放在一起，能识别出 r_1 和 r_2 分别由哪个实例产生是概率可忽略事件。

散列函数 hash 无碰撞性，即任意 $m_1 \neq m_2$，$hash(m_1) = hash(m_2)$ 是概率可忽略的。

密码体系的安全性，即对称密码体系只有知道密码的实体才能进行加密或解密操作，非对称密码体系只用知道私钥的实体才能利用私钥进行相应的操作。获得的密文能抵抗选择明文攻击。

签名函数的正确性。

盲签名体系的安全性。

3.2.2 理想函数

在对协议的安全性描述中，需要先定义代表安全功能的理想函数。Canetti 在文献[1]中列出了很多安全任务的理想函数，下面将常用的进行简单描述。

1. 认证通信函数

认证通信要求接受者收到的消息来自消息的声称发送者，具体理想函数的描述如图 3-2 所示。消息被同时发给接受者和攻击仿真者，这反映了一种合理的事实：攻击者可以接收参与者之间发送的消息，但它不知道消息的内容。另外，消息的接受由攻击者确定，反映了攻击者可以阻断消息发送的事实。

$\mathcal{F}_{AUTH}()$
与参与者 $P_1,\cdots,P_n$ 和攻击仿真者 $\mathcal{S}$ 交互，具体进程如下：
（1）当收到 P_i 的消息（send, id, P_j, m），保存消息（id, P_i, P_j, m），并将它发给 $\mathcal{S}$，并等待下一步。 （2）当收到 $\mathcal{S}$ 的消息（receive, id, P_i, P_j, m），如果保存了消息（id, P_i, P_j, m），则发送消息（id, P_i, P_j, m）给 P_j，停止。如果没有消息（id, P_i, P_j, m）保存，则忽略收到的接收请求。

图 3-2　认证通信函数

2. 安全通信函数

安全通信是消息发送者和接收者之间在不安全的信道上传输秘密消息的基本要求。除了指定接收者外，任何实体都无法知道消息的内容。在消息的传输过程中，攻击者能知道哪两个实体间传输了秘密消息。在现有的基本密码原语操作下，这个安全任务可以通过对称加密体系或非对称加密体系实现。对称加密密码体系的加密效率高，适合双方有大量秘密消息需传输，但事先需给通信双方分配加密密钥（一般称为会话密钥），实施方案的一般安全要求可以用图 3-3 中的安全通信理想函数 $\mathcal{F}_{SC}^{ENC}()$ 表达。非对称加密方案相对要容易得多，但加密效率低，不适合大量秘密消息需传输的情况，实施方案的一般安全要求可以用图 3-4 中的安全通信函数 $\mathcal{F}_{SC}^{ASEN}()$ 表达。

$\mathcal{F}_{SC}^{ASEN}()$
与参与者 $P_1,\cdots,P_n$ 和攻击仿真者 $\mathcal{S}$ 交互，具体进程如下：
（1）初始化时，等待接收 P_i（$i\in\{1,\cdots,n\}$）的消息（set-up, id, P_j）和 P_j 的消息（set-up, id, P_i）；如果都接收到，进入第（2）步。

（2）如果收到 P_i 的消息（send, id, m），发送消息（id, m）给 P_j 和消息（id, P_i，P_j）给 $\mathcal{S}$；如果收到 P_j 的消息（send, id, m），发送消息（id, m）给 P_i 和消息（id，P_j，P_i）给 $\mathcal{S}$。

图 3-3　基于对称加密的安全通信理想函数

$\mathcal{F}_{SC}^{ASEN}()$
与参与者 $P_1,\cdots,P_n$ 和攻击仿真者 $\mathcal{S}$ 交互，具体进程如下：
（1）初始化时，等待接收 P_i（$i\in\{1,\cdots,n\}$）的消息（Receiver，id）。如果收到，发送消息（Receiver, id，P_i）给所有的 P_j（$j\in\{1,\cdots,n\}/i$）和 $\mathcal{S}$，进入第（2）步。 （2）收到 P_j（$j\in\{1,\cdots,n\}/i$）的消息（send, id, m）时，发送消息（send, id, m）给 P_i 和消息（send, id）给 $\mathcal{S}$，停止。

图 3-4　基于非对称加密的安全通信理想函数

3. 数字签名理想函数

数字签名理想函数在安全任务的实现中经常用到，它能够实现消息构造者的认证，消息完整性的认证等。表达一般消息签名安全要求的理想函数如图 3-5 所示。签名函数 $\mathcal{F}_{SIG}()$ 在签名中，将签名消息发给攻击仿真 $\mathcal{S}$，由他返回消息的签名标志，这反映了事实：消息的签名具有唯一性，没有谁能伪造签名标志。在验证签名中，当消息被签过名，但收到的签名标志验证不正确时，由攻击仿真者确定验证是否通过。这可以表达事实：消息签名的验证不用依靠唯一的验证者，验证者的错误验证信息也不会影响验证结果。

$\mathcal{F}_{SIG}()$
与参与者 $P_1,\cdots,P_n$ 和攻击仿真者 $\mathcal{S}$ 交互，安全参数为 k，具体进程如下：
（1）在初始动作中，当收到来自 P_i（$i\in\{1,\cdots,n\}$）的消息（signer, id）,

发送消息（signer, id, P_i）给 P_j（$j \in \{1,\cdots,n\}/i$）和 $\mathcal{S}$。进入等待状态，并忽略后面所有的消息（signer, id）。 （2）当收到 P_i 的消息（sign, id, m），把这个消息转发给攻击仿真者 $\mathcal{S}$。收到 $\mathcal{S}$ 的回复消息（sign, id, m, σ），让 $s_m=\sigma$，在 P_i 的输入带写入回复消息（sign, id, m, σ）。 （3）当收到 P_j 的消息（verify, id, m, σ），f 值设置如下：如果 m 在之前被签名过 $s_m=\sigma$，且，设 $f=1$；如果 m 在之前从来没被签名过，设 $f=0$；如果 m 在之前被签名过，但 $s_m \neq \sigma$，则转发消息（verify, id, m, σ）给攻击仿真者 $\mathcal{S}$，接收 $\mathcal{S}$ 给予签名验证回复消息（verify, id, m, ϕ），设 $f=\phi$。当 f 的值被确定后，在 P_j 的输入带上写入回复消息（verify, id, m, f）。

图 3-5　数字签名理想函数的描述

4. 分发会话密钥的理想函数

在实现上面理想函数 $\mathcal{F}_{SC}^{ENG}()$ 的方案中，通信双方需提前建立安全的会话密码。建立会话密钥方案的一般安全要求可以由图 3-6 中的理想函数 $\mathcal{F}_{SK}()$ 表达。在描述中，为了表达分配会话密钥的参与者被攻破的情况，此时分配的会话密钥由攻破者确定，而他们被攻击者掌控，因而分配的会话密钥由攻击者确定。

$\mathcal{F}_{SK}()$
$\mathcal{F}_{SK}()$ 与参与者 $P_1,\cdots,P_n$ 和攻击仿真者 $\mathcal{S}$ 交互，安全参数为 k，具体进程如下：
（1）初始化时，等待接收 P_i（$i \in \{1,\cdots,n\}$）的消息（sk, id, P_i, P_j, a）和 P_j 的消息（sk, id, P_j, P_i, a'），如果都接收到，将（sk, id, P_i, P_j, a）和（sk, id, P_j, P_i, a'）发给 $\mathcal{S}$，进入第（2）步。 （2）确定 key 的值如下：如果 $a=\perp$，$a'=\perp$，选取 $key \xleftarrow{R} \{0,1\}^k$；如果 $a \neq \perp$，设 $key=a$；如果 $a' \neq \perp$，设 $key=a'$。当 key 被确定后，发送消息（sk,

id, P_i, P_j, key）给 P_i、消息（sk, id, P_j, P_i, key）给 P_j 和消息（sk, id）给 $\mathcal{S}$。

图 3-6　建立会话密码的理想函数

5. 身份认证理想函数

为了后面的应用，我们定义了双方单向身份认证理想函数 $\mathcal{F}_{2SA}()$ 和双方双向身份认证理想函数 $\mathcal{F}_{2MA}()$，它们分别由图 3-7 和图 3-8 所示。

$\mathcal{F}_{2SA}()$
参与者 $P_1,\cdots,P_n$ 和攻击仿真者 $\mathcal{S}$ 交互，安全参数为 k。具体进程如下：
（1）初始时，接收到 P_i（$i\in\{1,\cdots,n\}$）的消息（authenticate, id, P_j），将消息（authenticate, sid, P_i, P_j）转发给 P_j 和 $\mathcal{S}$，进入第（2）步。 （2）当接收 P_j 的消息（respond, id, P_i），进入第（3）步。 （3）当收到 $\mathcal{S}$ 的输入请求（output，id），向 P_i 输入消息 finished，停止。

图 3-7 双方单向认证理想函数

$\mathcal{F}_{2MA}()$
参与者 $P_1,\cdots,P_n$ 和攻击仿真者 $\mathcal{S}$ 交互。具体进程如下：
（1）初始时，等待接收 P_i（$i\in\{1,\cdots,n\}$）的消息（initiator, id, P_i, P_j）和 P_j 的消息（responder, id, P_j, P_i），如果都接收到，进入第（2）步。 （2）当收到 $\mathcal{S}$ 的输入请求（output, id, P_*），如果 $P_*=P_i$，向 P_i 输出消息 finished；如果 $P_*=P_j$，向 P_j 输出消息 finished；否则，什么都不做。

图 3-8　双方互相认证理想函数

6. 承诺理想函数

在承诺协议中，一般由两步构成：承诺和公开。在承诺阶段，承诺者向接收者提供一个秘密信息，接收者不能知道秘密消息的内容，承诺者提交后不能修改秘密消息。公开阶段，承诺者公开其提交的秘密消息的内容。此时可以通过消息内容做简单的判断，同时秘密消息的保密已不重要。一般承诺协议的安全要求可由图 3-9 的理想函数描述。

$\mathcal{F}_{COM}()$
$\mathcal{F}_{COM}()$与参与者 $P_1,\cdots,P_n$ 和攻击仿真者 $\mathcal{S}$ 交互，具体进程如下：
（1）初始时，等待接收 P_i（$i\in\{1,\cdots,n\}$）的消息（commit, id, P_i, P_j, x），如果收到，发送消息（commit, id, P_i, P_j）给 P_j 和 $\mathcal{S}$，进入第（2）步。 （2）等待接收 P_i 的消息（open, id, P_i, P_j），如果收到，发送消息（commit, id, P_i, P_j, x）给 P_j 和 $\mathcal{S}$。

图 3-9　承诺理想函数

7. 不经意传输理想函数

不经意传输是消息发送者发送一组消息 $\{m_1,\cdots,m_l\}$，接收者接收 $m_i(i\in\{1,\cdots,l\})$，不知道别的消息，发送者不能知道 i。不经意传输协议的一般安全性可以由图 3-10 的理想函数表达。

理想函数 $\mathcal{F}_{OT}()$
参与者 $P_1,\cdots,P_n$ 和攻击仿真者 $\mathcal{S}$ 交互，安全参数为 k。具体进程如下：
（1）初始化时，等待接收 P_i 的消息（send, id, P_i, P_j, $\{m_1,\cdots,m_l\}$）（其中 $i\in\{1,\cdots,n\}$，$j\in\{1,\cdots,n\}/i$，使 $x\in\{1,\cdots,l\}$，$m_x\in\{0,1\}^k$），如果收到，发送消息（send, id, P_i, P_j, l）给 P_j 和 $\mathcal{S}$，进入第（2）步。 （2）等待接收 P_j 的消息（receive, id, P_i, P_j, y），如果收到，且

$y \in \{1,\cdots,l\}$，发送消息（output, id, m_y）给 P_j 和消息（id, finished）给 $\mathcal{S}$，停止。

图 3-10　不经意传输理想函数

8. 零知识证明协议理想函数

零知识证明协议由两方构成：证明者和验证者。证明者向验证者证明一个断言，完成后验证者相信证明者的证明，但除此之外，它在证明过程中不能获取其他任何知识。零知识证明协议的一般安全性要求可以由图 3-11 所描述的理想函数表达。

理想函数 $\mathcal{F}_{ZK}()$
存在二元关系 R，与参与者 $P_1,\cdots,P_n$ 和攻击仿真者 $\mathcal{S}$ 交互，具体进程如下：
（1）初始化后，等待接收 P_i 的消息（verifier, id, P_i, P_j, x）（其中 $i \in \{1,\cdots,n\}$，$j \in \{1,\cdots,n\}/i$），如果收到，进入第（2）步。 （2）等待接收消息（prover, id, $\mathcal{W}$），如果从 P_l 收到，操作如下： ① 如果 $R(x,w)=1$，向 P_i 发送消息（id, accepted）并停止； ② 如果 $R(x,w)=0$，且 $P_j=P_l$，向 P_i 发送消息（id, reject）并停止； ③ 除此之外，丢去接收到的消息，继续进入等待接收消息（prover, id, w）。

图 3-11　零知识证明协议理想函数

3.2.3　UC 模型中模块化方法分析

在 UC 协议的设计与分析中，首先假设存在一个理想函数的 $\mathcal{F}$ 混杂模型，需要关于 $\mathcal{F}$ 的操作，直接调用 $\mathcal{F}$ 来完成，这样能大大减少协议分析和设计的工作量。当这一步完成后，将精力集中于 $\mathcal{F}$

函数的UC实现问题,设计能安全实现$\mathcal{F}$的UC协议,并用来替换$\mathcal{F}$的调用。分析时看协议中使用到的替换$\mathcal{F}$调用的函数是否能UC安全实现$\mathcal{F}$函数。这样循环执行下去，最终问题变成一些基础的理想函数的UC实现问题，或者说一个复杂协议的实现问题被归约到一些基础理想函数的UC实现问题，从而集中精力研究基础理想函数的UC实现。每个对$\mathcal{F}$调用的替换中，UC组合定理保证整个协议的实现是UC安全的。

1. 安全通信任务的解决

通过分析,协议大部分运行于Internet中,由于Internet的通信往往是公开、不同步、不可靠，甚至会受到敌手的恶意安排，在这样的环境中运行协议，首先要解决的就是安全通信问题。针对具体要求的不同，前面有$\mathcal{F}_{AUTH}()$、$\mathcal{F}_{SC}^{ENG}()$和$\mathcal{F}_{SC}^{AENC}()$安全通信任务的理想函数描述。因此，需要先设计能UC安全实现这些理想函数的协议，这些协议容易构造。有了这步，我们之后的工作就可以归到$\mathcal{F}_{AUTH}()$，$\mathcal{F}_{SC}^{ENG}()$和$\mathcal{F}_{SC}^{AENC}()$混杂模型中的安全问题实现。

2. 安全通信混杂模型中的基本安全任务的解决

在这一步中，一般的简单安全任务可以通过一些逻辑推导公式构造。如A知道秘密m，B收到了和m封装在一起的东西，那么B相信它是A给的消息。

3. 带神谕模型中的复杂安全任务的解决

假设协议中参与者都带有一个神谕，它们遇到问题时，就向神谕求助以给它们答案。一般这个神谕能做的事就是上面已经实现的简单安全任务理想函数能解决的问题。在带有这样神谕的模式中设计分析协议，将变得更简单。

3.2.4 安全协议的 UC 组合设计

我们通过利用 UC 方法设计双向认证协议来说明具体过程。

1. 在 $\mathcal{F}_{2SA}()$混杂模型中双向认证协议的设计

在 $\mathcal{F}_{2SA}()$混杂模型中，参与者可以直接调用理想函数 $\mathcal{F}_{2SA}()$实现它与对方的单向认证，设计这样双向认证协议非常简单。假设参与者 A 和 B 之间双向认证，它们的具体过程如下（为了方便描述，我们把协议记为 π_{2MA} ）：

（1） $A \to B : \mathcal{F}_{2SA}(\text{sid}, A, B)$；

（2） $B \to A : \mathcal{F}_{2SA}(\text{sid}, B, A)$。

命题 3.1 在 $\mathcal{F}_{2SA}()$混杂模型中，协议 π_{2MA} 安全地实现双向认证理想函数 $\mathcal{F}_{2SA}()$。

证明： 设 $\mathcal{C}$ 为 $\mathcal{F}_{2SA}()$混杂模型中基于合理假设条件下的攻击者集合，对任何攻击者 $\mathcal{A} \in \mathcal{C}$，$\mathcal{A}$ 参与协议 π_{2MA} 的运行，任何环境 $\mathcal{Z}$，可以构造 $\mathcal{A}$ 的仿真者 $\mathcal{S}$，参与 $\mathcal{F}_{2SA}()$组成的理想协议的执行，使得式子（3.8）成立：

$$REAL_{\pi_{2\text{MA}}, A, Z} \approx IDEAL_{F_{2\text{MA}}, S, Z} \quad (3.8)$$

式子（3.8）显然成立。在双方都诚实的情况下，π_{2MA} 运行中 $\mathcal{A}$ 没有转发消息操作。在第一步 $\mathcal{F}_{2SA}(\ )$理想函数的调用中，$\mathcal{A}$ 只能观察到 A 完成了向 B 的验证，$\mathcal{S}$ 通过向 $\mathcal{F}_{2MA}()$发送消息（output，*id*，$\mathcal{A}'$ ），转发 $\mathcal{A}'$ 的输出结果给 $\mathcal{A}$。第二步的仿真与（1）一样，这时 $\mathcal{A}$

在实际协议运行和理想协议运行中观察到的一样，同环境 $\mathcal{Z}$ 在两个协议执行中收到的都是参与者发出的 finished，所以这时有 $REAL_{\pi_{2MA},A,Z}=IDEAL_{F_{2MA},S,Z}$。当某个参与者被攻破时，$\mathcal{A}$ 代替参与者参加协议，这时仿真者 $\mathcal{Z}$ 也控制着相应的虚拟参与方，用 $\mathcal{A}$ 发来的消息发给 $\mathcal{F}_{2SA}()$，其仿真结果与双方都是诚实的情况一样。综上，整个仿真过程中，式子 $REAL_{\pi_{2MA},A,Z}=IDEAL_{F_{2MA},S,Z}$，当然可得到 $REAL_{\pi_{2MA},A,Z}=IDEAL_{F_{2MA},S,Z}$。

证明完毕。

2. $\mathcal{F}_{AUTH}(\ )$混杂模型中单向认证协议的设计

在 $\mathcal{F}_{AUTH}(\ )$混杂模型中，A 向 B 认证的协议只需要一步完成，即 B 收到 A 发送的消息。具体协议（记为 π_{2SA}）如下：

（1）$A\rightarrow B:\mathcal{F}_{AUTH}(m)$；output（finished）。

命题 3.2 在 $\mathcal{F}_{AUTH}(\ )$混杂模型中，协议 π_{2SA} 安全地实现双向认证理想函数 $\mathcal{F}_{2SA}(\ )$。

证明：设 $\mathcal{C}$ 是 $\mathcal{F}_{AUTH}(\ )$混杂模型中基于合理假设条件下的攻击者集合，对于任何攻击者 $\mathcal{A}\in\mathcal{C}$（$\mathcal{A}$ 参与协议 π_{2SA} 的执行），任何环境 $\mathcal{Z}$，可以构造 $\mathcal{A}$ 的仿真者 $\mathcal{S}$，参与 $\mathcal{F}_{AUTH}(\ )$组成的理想协议的执行，使式子（3.9）成立。

$$REAL_{\pi_{2SA},A,Z}\approx IDEAL_{F_{2SA},S,Z} \tag{3.9}$$

在参与双方都是诚实的情况下，$\mathcal{A}$ 从 $\mathcal{F}_{AUTH}(\ )$收到消息(sid，A，B，m)，$\mathcal{S}$ 通过从 $\mathcal{F}_{2SA}(\ )$收到的消息（authenticate，sid，A，B）构造消息（sid，A，B，m'）。对于 $\mathcal{A}$，m 是诚实参与方随机发的消

息，因此具有随机性。所以 $\mathcal{A}$ 不能区别这两个消息来至于哪个协议。两个协议向环境 $\mathcal{Z}$ 的输出都一样，参与方 A 和虚拟参与方 A' 都是 finished。因此这种情况下式子 $REAL_{\pi_{2SA},A,Z}=IDEAL_{F_{2SA},S,Z}$ 成立。下面看参与方 A 被攻破的情况，$\mathcal{A}$ 冒充 A 调用 $\mathcal{F}_{AUTH}(\ )$ 发送消息，$\mathcal{S}$ 同样掌控着虚拟参与者 A'，以 $\mathcal{A}$ 使用的身份标号运行 $\mathcal{F}_{2SA}()$。之后协议的执行情况与双方都是诚实的执行一样，$\mathcal{S}$ 能仿真 $\mathcal{A}$ 不能区别的接收消息，协议运行向环境 $\mathcal{Z}$ 的输出也一样。这种情况式子 $REAL_{\pi_{2SA},A,Z}=IDEAL_{F_{2SA},S,Z}$ 成立。参与方 B 被攻破时，$\mathcal{S}$ 仿真攻击者 $\mathcal{A}$ 接收到的第一个消息与上面两种情况一样。对于第二个消息，同样 $\mathcal{A}$ 不能判定他的内容和形式，所以 $\mathcal{S}$ 可以任选一个消息 m'，$\mathcal{A}$ 不能区别两个消息的来源。这时协议的输出都是诚实参与者 A 和 A' 的输出，完全相同。因此，$REAL_{\pi_{2SA},A,Z}=IDEAL_{F_{2SA},S,Z}$ 也成立。综上，在 $\mathcal{F}_{AUTH}(\ )$ 混杂模型中，协议 π_{2SA} 安全地实现双向认证理想函数 $\mathcal{F}_{2SA}(\ )$。

证明完毕。

3. $\mathcal{F}_{CPKE}(\ )$ 混杂模型中认证通信协议的设计

通过严格证明，在平凡模型中，没有办法 UC 安全实现任何双方理想函数。对于理想认证通信函数，一般可以假设公共参考串存在的模型中实现，如基于非对称加密体系的实现，基于标准数字签名体系中的实现等。这里我们在 $\mathcal{F}_{CPKE}(\ )$ 混杂模型中设计认证通信，即基于非对称加密体系实现认证通信。在参与者 A 和 B 之间，为实现 B 能认证 A 发来的消息，我们构造了一个简单协议（记为 π_{AUTH}）:

（1）$B\rightarrow A: N\leftarrow random(k)$；

（2） $A \to B:\{N,\mathrm{m}\}_{K_A^-}$。

命题 3.3 在 $\mathcal{F}_{CPKE}(\ )$混杂模型中，协议 π_{AUTH} 安全地实现认证通信理想函数 $\mathcal{F}_{AUTH}(\ )$。

证明：设 $\mathcal{C}$ 是 $\mathcal{F}_{CPKE}(\ )$混杂模型中基于某类合理假设条件下的攻击者集合（如没有选择密文攻击的能力）。对于任何攻击者 $\mathcal{A} \in \mathcal{C}$（$\mathcal{A}$ 参与协议 π_{AUTH} 的执行），任何环境 $\mathcal{Z}$，都可以构造 $\mathcal{A}$ 的仿真者 $\mathcal{S}$，在 $\mathcal{F}_{AUTH}(\ )$组成的理想协议执行中，使得式在（3.10）成立。

$$REAL_{\pi_{\mathrm{AUTH}},A,Z} \approx IDEAL_{F_{\mathrm{AUTH}},S,Z} \tag{3.10}$$

下面分情况进行论证：

双方都是诚实的情况：在 π_{AUTH} 协议中，$\mathcal{A}$ 首先收到 B 发来的随机数 N，$\mathcal{S}$ 也使用随机函数产生一随机数 N' 发给 $\mathcal{A}$。对这两个随机数，$\mathcal{A}$ 没有办法区别来源。$\mathcal{A}$ 收到 A 发过来的消息 $\{N,m\}_{K_A^-}$，这对 $\mathcal{A}$ 来说是任意的二进制乱码。此时 $\mathcal{S}$ 也可以选择一段长度相同的任意二进制乱码给 $\mathcal{A}$，它没有办法区别两个二进制乱码的来源。$\mathcal{A}$ 给 A 转发送消息 N 时，$\mathcal{S}$ 收到 $\mathcal{A}$ 发来的相应指令，$\mathcal{S}$ 可以什么也不做。当 $\mathcal{A}$ 给 B 转发消息 $\{N,m\}_{K_A^-}$，$\mathcal{A}$ 给 $\mathcal{S}$ 发送这一指令，并给予消息是否是诚实转发。如果是诚实转发，则 $\mathcal{S}$ 给 $\mathcal{F}_{AUTH}()$发送之前它接收到的消息（receive, id, P_i, P_j, m）。如果是不诚实转发，则 $\mathcal{S}$ 给 $\mathcal{F}_{AUTH}()$发送不是之前他接收的任一消息（receive, id, P_i, P_j, m'）（其中 $m \neq m'$）。这种情况，$\mathcal{A}$ 接收到两个协议中发送给它的消息是不可区别的。另外，对 $\mathcal{A}$ 诚实转发给接收者消息时，两种协议的执行输出一样。它们只有一种输出不同的情况，即 $\mathcal{A}$ 不诚实转发消息给接收者，B 输出接收到消息 m，而 B' 没有输出接收到消息 m。这

种情况发生的概率为 $\Pr(fst(DEC_{K_A}(c_1)) = fst(DEC_{K_A}(c_2)) | c_1 \neq c_2)$。这非对称加密安全假设下，这个概率可以忽略。因此，在双方都是诚实的情况下，$REAL_{\pi_{\text{AUTH}},A,Z} \approx IDEAL_{F_{\text{AUTH}},S,Z}$ 成立。

A 被攻破 B 没有被攻破的情况：这时除了上面 $\mathcal{A}$ 可能收到的消息和发出的操作外，$\mathcal{A}$ 冒充 A 的身份产生消息 $\{N,m\}_{K_A^-}$，由于 $\mathcal{S}$ 也掌控了虚拟参与者 A'，它可以利用 $\mathcal{A}$ 发过来的消息 m 向 $\mathcal{F}_{AUTH}()$ 发送消息（send，id，B，m）。之后的分析和双方都是诚实的一样，因此可以得到 $REAL_{\pi_{\text{AUTH}},A,Z} \approx IDEAL_{F_{\text{AUTH}},S,Z}$。

A 没被攻破 B 被攻破的情况：这时除了双方诚实下 $\mathcal{A}$ 可能发生的情况外，$\mathcal{A}$ 控制着 B 向外发出协议运行输出，$\mathcal{S}$ 收到后，同样控制着虚拟参与 B' 发送与 $\mathcal{A}$ 一样的消息。因此这种情况也有 $REAL_{\pi_{\text{AUTH}},A,Z} \approx IDEAL_{F_{\text{AUTH}},S,Z}$。

双方都被攻破的情况：$\mathcal{S}$ 与诚实情况下一样仿真 $\mathcal{A}$ 接收到的消息，因为它掌控着双方，所以它能利用 $\mathcal{F}_{AUTH}()$ 仿真 $\mathcal{A}$ 控制参与方的动作。

综上，$REAL_{\pi_{\text{AUTH}},A,Z} \approx IDEAL_{F_{\text{AUTH}},S,Z}$ 成立，命题得证。

4. 组合协议的设计

这一步最简单，只需将混杂模型中对理想函数的调用替换为能 UC 安全实现它的协议。上面我们设计的双向认证协议直接通过替换后如下：

（1）$B \rightarrow A: N_b \leftarrow random(k)$；

（2）$A \rightarrow B: \{N_b, m_b\}_{K_A^-}$；

（3）$A \rightarrow B: N_a \leftarrow random(k)$；

（4） $B \to A: \{N_a, m_a\}_{K_B^-}$。

其中（2）、（3）步可以合为一步，并按照一般组合的方法将协议做适当的压缩，最终的协议如下：

（1） $B \to A: N_b \leftarrow random(k)$；

（2） $A \to B: \{N_b, N_a \leftarrow random(k)\}_{K_A^-}$；

（3） $B \to A: \{N_a, m\}_{K_B^-}$。

通过上面一步一步地分析和在组合定理的保证下，整个协议的安全性可以归约为 $\mathcal{F}_{CPKE}()$的安全实现。因而可以得出设计的协议具有 UC 安全性。

3.2.5 安全协议的 UC 安全性分析

Needham-Schroeder 协议是一个经典的安全协议，该协议的设计目标是完成会话密钥的分发。协议描述如下：

（1） $A \to S: A, B, N_a$；

（2） $S \to A: \{N_a, B, K_{ab}, \{K_{ab}, A\}_{K_{bs}}\}_{K_{as}}$；

（3） $A \to B: \{K_{ab}, A\}_{K_{bs}}$；

（4） $B \to A: \{N_b\}K_{ab}$；

（5） $A \to B: \{N_B - 1\}_{K_{ab}}$。

协议运行在一个不安全的网络环境，除了消息（1）不需要秘密和认证地传输外，其他消息都需要秘密和认证地传输。为了完成这些安全任务，设计者在设计发送每一条消息时利用了一些基本的密码原语操作。在 UC 框架下，对安全协议的分析和设计的路线刚好相反，先要验证每一个基本步骤能安全地实现相应的安全任务，然后哪些步骤能组合完成进一步的安全任务，最后安全任务通过整个协议各部分组合实现。下面我们进行第一步分析，对 NS 协议的基本步骤构成的协议进行 UC 安全性分析。在分析中将第 i 步构成的协议记为 $\pi_{(i)}$，我们可以证明 $\pi_{(3)}$ 不能安全地实现理想函数 $\mathcal{F}_{AUTH}()$ 和 $\mathcal{F}_{SEN}()$，因而这个协议后面的组合会安全，这一点被大部分的形式化分析工具给指出。我们这里执行了第一步就可以得出结论，减少了大量的分析。

命题 3.4：假设使用的对称加密算法能抵抗选择密文攻击，在半诚实、静态攻击者存在下，$\pi_{(2)}$、$\pi_{(4)}$、$\pi_{(5)}$ 能安全地实现理想函数 $\mathcal{F}_{AUTH}()$ 和 $\mathcal{F}_{SEN}()$，$\pi_{(3)}$ 不能安全地实现理想函数 $\mathcal{F}_{AUTH}()$ 和 $\mathcal{F}_{SEN}()$。

证明：

（1）简单协议 $\pi_{(2)}$ 安全地实现理想函数 $\mathcal{F}_{AUTH}()$。

为了和上面的描述一致，我们将这一步协议中的符号替换与上面的描述一致，并将协议中验证用不到的消息内容用 m 代替，协议可描述为：$P_i \rightarrow P_j : \{N,m\}_{K_{sym}}$。

假设简单协议 $\pi_{(2)}$ 不能安全地实现理想函数 $\mathcal{F}_{AUTH}()$，即在某环境 $\mathcal{Z}$ 下，对协议 $\pi_{(2)}$ 和假设条件下的实际敌手 $\mathcal{A}$，存在一个合理的仿真者 $\mathcal{S}$ 和一个不可以忽略的概率 ε，可以找到一个输出 x，使下面式子（3.11）成立。

$$|Pr(REAL_{\pi_{(2)},A,Z}=x)-Pr(IDEAL_{F_{\mathrm{AUTH}},S,Z}=x)|\geqslant \varepsilon \qquad (3.11)$$

定义 3.4（bad 事件）：P_j 收到声称来自于 P_i 的消息 m，但 P_i 在协议回合中没有发送过 m。

协议中 N 是 P_j 在发起协议回合中产生的随机数，由随机数的唯一性假设，可以作为 P_j 识别协议回合的标志。

仿真者$\mathcal{S}$复制攻击者$\mathcal{A}$的初始条件及相关的指令，开始仿真$\mathcal{A}$与协议$\pi_{(2)}$中参与者和环境的交互。很容易看出，当 bad 事件未发生时，它能完全仿真$\mathcal{A}$的交互，即式子（3.12）成立：

$$REAL_{\pi_{(2)},A,Z/Z_{\text{bad}}} = IDEAL_{F_{\text{AUTH}},S,Z/Z_{\text{bad}}} \tag{3.12}$$

当$\mathcal{A}$在P_j的网络消息输入带上写入消息（P_i，m）时，$\mathcal{S}$收到消息（P_j', receive, P_i'）。$\mathcal{S}$将消息（P_j', receive, P_i'）发给$\mathcal{F}_{AUTH}()$。由于P_i'之前没有发送过消息，P_j'的输出带上为λ。在现实运行模型中，除了下面两种情况外，P_j的输出带上的内容为λ：

①m由$\mathcal{A}$构造，但m的消息的发送者被伪造为P_1；

②m由P_1构造，但不是本协议回合的消息。

m的构造通过对称加密原语完成，在对称加密体系的安全性假设下，情况①发生的概率可忽略不计。本回合的协议标号是随机数$\mathcal{N}$，由随机数的唯一性假设（利用随机数产生算法产生的任何两个随机数发生碰撞的概率可以忽略），可见情况②发生的概率可忽略不计。因此，对于 bad 事件，在实际协议$\pi_{(2)}$中，P_j接收m的概率可以忽略不计，即环境$\mathcal{Z}$的输出为 1 的概率可以忽略，式子（3.13）成立：

$$REAL_{\pi_{(2)},A,Z_{\text{bad}}} \approx IDEAL_{F_{\text{AUTH}},S,Z_{\text{bad}}} \tag{3.13}$$

由式子（3.12）和（3.13），可以得到式子（3.14）。

$$REAL_{\pi_{(2)},A,Z} \approx IDEAL_{F_{\text{AUTH}},S,Z} \tag{3.14}$$

这与式子（3.11）矛盾，假设不成立，即简单协议$\pi_{(2)}$安全地实现理想函数$\mathcal{F}_{AUTH}()$。

（2）简单协议 $\pi_{(4)}$、$\pi_{(5)}$ 安全实现理想函数 $\mathcal{F}_{\mathrm{AUTH}}()$。在简单协议 $\pi_{(4)}$ 中，协议运行回合标号为前面动作中分配的会话密钥 K_{ab}，它具有唯一性，因为可以作为接收者识别消息属于 $\pi_{(4)}$ 协议运行回合的标志。在简单协议 $\pi_{(5)}$ 中，N_b 是 B 在当前协议回合中产生的随机数，因而可以把它作为 B 识别 $\pi_{(5)}$ 协议运行回合消息的标号。其他证明过程与证明简单协议 $\pi_{(2)}$ 安全实现理想函数 $\mathcal{F}_{\mathrm{AUTH}}()$ 的证明一样。

（3）简单协议 $\pi_{(3)}$ 不能安全地实现理想函数 $\mathcal{F}_{\mathrm{AUTH}}()$。

在这个简单协议中，由于协议中缺乏接受者判别消息属于哪个协议回合的标号，由情况②造成的 bad 事件发生的可能性很大，因而存在一个不可忽略的 ε，式子（3.15）成立。

$$|Pr(REAL_{\pi_{(3)},A,Z_{\mathrm{bad}}}=1)-Pr(IDEAL_{F_{\mathrm{AUTH}},S,Z_{\mathrm{bad}}}=1)|\geqslant\varepsilon \tag{3.15}$$

从而可以获得式子（3.16）:

$$|REAL_{\pi_{(3)},A,Z}-IDEAL_{F_{\mathrm{AUTH}},S,Z}|\geqslant\varepsilon \tag{3.16}$$

从而完成了简单协议 $\pi_{(3)}$ 不能安全地实现理想函数 $\mathcal{F}_{AUTH}()$ 的证明。

（4）简单协议 $\pi_{(2)}$ 安全地实现理想函数 $\mathcal{F}_{SEN}()$。

让 $\mathcal{A}\in\mathcal{C}$，与运行协议 $\pi_{(2)}$ 的参与者 $\mathcal{S}$ 和 A 交互，与环境 $\mathcal{Z}$ 交互，构造一个攻击仿真 $\mathcal{S}$，它与理想函数 $\mathcal{F}_{SEN}()$ 交互，与环境 $\mathcal{Z}$ 交互。对任何环境 $\mathcal{Z}$，都以可忽略的概率能区别是与 $\mathcal{A}$ 和协议 $\mathcal{F}_{SEN}()$ 的交互还是与 $\mathcal{S}$ 和理想函数 $\mathcal{F}_{SEN}()$ 的交互，即式子（3.17）成立。

$$REAL_{\pi_{(2)},A,Z}\approx IDEAL_{F_{\mathrm{AUTH}},S,Z} \tag{3.17}$$

模仿者 $\mathcal{S}$ 复制攻击者 $\mathcal{A}$ 的副本并根据 $\mathcal{A}$ 接收的运行指令进行运行。$\mathcal{S}$ 的执行如下：

模仿与环境 $\mathcal{Z}$ 的交互。当收到来自于环境 $\mathcal{Z}$ 的输入消息时，把它复制到 $\mathcal{A}$ 的输入带上，表示环境 $\mathcal{Z}$ 给 $\mathcal{S}$ 消息来至于环境 $\mathcal{Z}$ 给 $\mathcal{A}$ 的消息。同时 $\mathcal{A}$ 对环境的输出时也将其输出复制到 $\mathcal{S}$ 的输出带上。

情况 a：模仿参与者 $\mathcal{S}$ 和 A 都没有被攻破。当 $\mathcal{S}$ 从理想函数 $\mathcal{F}_{SEN}()$ 收到消息（A，N_a，$\mathcal{S}$），表示 A 收到 $\mathcal{S}$ 发给它的消息。$\mathcal{S}$ 运行秘钥产生算法，获得秘钥 K。运用秘钥 K 加密消息 m $ENC_K(m,K)$，模仿 $\mathcal{A}$ 发送从 S 到 A 的消息 $ENC_K(m,K)$。

情况 b：参与者 S 被攻破。这时 $\mathcal{S}$ 知道了双方加密消息的秘钥，当它收到 $\mathcal{A}$ 冒充 S 发送加密消息 $ENC_K(m,K)$ 时，它用密钥 K 解密获得消息 m，并以 S 的身份向理想函数 $\mathcal{F}_{SEN}()$ 发送消息（send，id，m）。

情况 c：参与者 A 被攻破。这时 $\mathcal{S}$ 知道接收者的所有信息，包括接收到的消息 m 和双方加密消息用的对称密钥 K。此时，$\mathcal{S}$ 能重构出消息 $ENC_K(m,K)$，并模仿 A 转发从 S 到 A 的消息。

情况 d：参与者 S 和 A 都被攻破。这时 $\mathcal{S}$ 知道了发送者和接受者的所有信息和双方在协议回合中发送消息的密钥。因此它能模拟 A 发送的消息。

在执行中，我们可以看到在情况 a、b、c 和 d 中，$\mathcal{Z}$ 对实际协议 $\pi_{(2)}$ 和 $\mathcal{A}$ 的交互视图与对理想函数 $\mathcal{F}_{SEN}()$ 和攻击仿真者 $\mathcal{S}$ 交互视图完全一样。在知道发送的秘密消息，即环境 $\mathcal{Z}$ 输出 1。在协议 $\pi_{(2)}$ 的执行中，除了 $\mathcal{A}$ 强行破解了发送的加密消息 $ENC_K(m,K)$ 外，$\mathcal{A}$ 不知道发送的秘密消息。根据加密算法的安全性假设，在不知道密钥的情况下，成功破解加密消息的概率是可以忽略的，即环境 $\mathcal{Z}$ 以可以忽略的概率输出 0。总之，式子（3.17）成立。

（5）协议 $\pi_{(4)}$ 和 $\pi_{(5)}$ 安全实现理想函数 $\mathcal{F}_{SEN}()$。

协议回合的标号和（3）中分析的一致，协议证明过程与（4）一致。分析过程省略。

（6）协议 $\pi_{(3)}$ 不能安全实现理想函数 $\mathcal{F}_{SEN}()$。

协议分析过程与（4）一致。只是在情况 b 中，由于协议接收者缺乏识别本协议回合的标号，因而攻击者 $\mathcal{A}$ 可以找一个用密钥 K 加密的旧消息 $ENC_K(m')$，且 $\mathcal{A}$ 可以通过强行破解知道 m'。由对称加密的强行破解，可以知道这种事件发生的概率是很大的。因此，在协议 $\pi_{(3)}$ 的执行中，下面式子（3.18）成立：

$$|Pr(REAL_{\pi_{(3)},A,Z_{\text{bad}}}=1)-Pr(IDEAL_{F_{\text{SEN}},S,Z_{\text{bad}}}=1)|\geqslant\varepsilon \qquad (3.18)$$

从而可以得到式子（3.19）。

$$|Pr(REAL_{\pi_{(3)},A,Z}=1)-Pr(IDEAL_{F_{\text{SEN}},S,Z}=1)|\geqslant\varepsilon \qquad (3.19)$$

从而可以得到协议 $\pi_{(3)}$ 不能安全地实现理想函数 $\mathcal{F}_{SEN}()$ 的证明。

至此，命题 3.4 证明完毕。

本章小结

本章对 UC 框架、UC 框架的实际应用及应用方法进行研究。为使 UC 框架能提供一套描述和分析协议的有效方法，能更容易地分析协议的 UC 安全属性。在描述攻击者和攻击仿真者之间的交互式图灵机之间增加仿真带，通过它定义真实协议执行和理想协议执行之间的仿真交互。UC 安全模型中，引入环境的一大作用是区分两个协议执行，协议安全分析中需要描述这一过程，为此对协议执行输出和环境输出做了明确的定义。在这些工作的基础上，重新对 UC 模型进行描述，重点是真实协议执行过程和理想协议执行过程。利用新描述的 UC 模型证明 UC 组合定理，可见所做工作的必要性。通过这些工作，对 $IDEAL_{F,S,Z} \approx REAL_{\pi,A,Z}$ 的理解更清晰，对组合定理证明过程的理解更容易，对协议 UC 安全实现理想函数命题证明描述规范化。在 UC 组合定理的保证下，利用引进的描述方式，研究了 UC 框架提供的模块化设计与分析的具体方法。具体说明中，详细描述了双向认证协议的模块化设计过程和 NS 协议的模块化 UC 安全性分析过程。

第 4 章

通用可组合零知识证明协议

零知识证明(Zero-knowledge Proof, ZK)由 Goldwasser、Micali 和 Rackoff[75]在 20 世纪 80 年代初提出。Goldwasser、Micali 和 Wigderson[76, 77]指出，在加密安全或可物理隐藏信息假设下，任何 NP 类语言都有零知识证明。Goldwasser 等人提出的零知识证中，证明者和验证者之间需要进行交互，一般称它们为交互式零知识证明（Interactive Zero-knowledge Proof，IZK）。20 世纪 80 年代末，Blum、Feldman 和 Micali 等人[78]进一步提出了非交互式零知识证明（Non-interactive Zero-knowledge Proof，NIZK），增强了零知识证明的适用性。最近，研究者们主要关注零知识证明的安全属性，如并发性、不可扩展性、可靠模拟性以及通用可组合性等。一般通用可组合零知识证明（Universally Composable Zero-Knowledge proof, UCZK）协议同时具有不可扩展性和并发性。Canetti 证明在简单平凡模型（系统不带任何假设）中，UCZK 协议不存在。比较有意义的是研究公共参考串模型中的 UCZK 协议。Canetti 和 Fischlim[79]给出了 UCZK 协议的一般构造方法。Garay，Mackenzie 和 Yang[80]用签名方案构造 UCZK 协议。随着对 UCZK 协议的研究，发现 UCZK 协议会失去一些重要的属性，如不可认证性等。为此，Canetti 等[81]构造新的 UC 框架，称为 GUC 框架，研究 GUCZK 协议。姚期智等[84]指出了 UCZK 协议除了不能保证可否认性外，还可能失去一些关键的属性。UCZK 在实际应用中具有重要价值，对具体零知识证明问题构造 UCZK 协议，能增加它们的安全性和设计密码协议中的应用价值。结合上一章介绍的 UC 框架，本章从构造 UCZK 协议的可行性、构造 UCZK 协议的方法以及 UCZK 协议的设计及应用等方面进行研究。

4.1 UCZK 协议

本章研究对象是一类具有特殊要求的 ZK 协议，能 UC 安全地实现 ZK 理想函数（在第 3 章已定义），被称为通用可组合零知识证明协议（UCZK 协议）。UCZK 协议具有更强的安全性，即如果在孤立环境中，只有单个协议运行实例下，能分析出它 UC 安全地实现 ZK 理想函数，那么协议运行在任何环境中（如分析时没有考虑到的新环境），有多个运行实例同时存在时，同样能安全实现 ZK 理想函数。对零知识证明协议攻击方法主要是中间人攻击，攻击过程中需要同时发起多个运行实例。显然 UCZK 协议能抵抗这类攻击。

4.2 UCZK 协议的实现

Canetti在文献[10]中给出定理 4.1，证明了任何描述安全任务的理想函数，在参与者大多数诚实的假设下，可以设计出能UC安全实现它的协议。然而，ZK协议中一般只包含两个参与者：证明者和验证者。往往每一方都希望，即使对手不诚实，也能保护它的安全。此时，诚实参与者数目明显没有超过一半。公共参考串（Common Reference String，CRS）最初被用于非交互零知识证明上下文中，取代交互式证明中验证者发给证明者的挑战随机数。在CRS模型中，相当于存在一个诚实的第三方，给参与者分配公共参考串。由定理 4.1 可知，在CRS模型中，实现UCZK协议具有可行性。

定理 4.1 让 n（$n \in N$）代表协议参与方数量，$t < n/2$，$\mathcal{F}$ 表示任意非直接理想函数，假设陷门置换存在，那么在同步广播通信网络中，当不诚实的参与者个数不超过 t 时，一定存在协议能 UC 安全实现理想函数 $\mathcal{F}$。

双方或多方安全计算实现中，Goldreich、Micali 和 Wigderson[82] 给出了一个经典的实现方法。首先研究在半诚实模式中理想函数的实现，然后构造协议编译器，将半诚实模型下构造的协议转换为能在恶意敌手攻击模型中安全运行的协议。获得的协议要求具有半诚实模型中原协议运行的安全保证，即在恶意敌手攻击模型中，生成协议能安全实现同样的理想函数。ZK 协议的实现，可归约到不经意传输协议的实现。下面我们根据这个思路完成 UCZK 协议的实现，从而说明实现 UCZK 协议的可行性。

为了便于理解，下面先对几个概念进行说明。

半诚实模型： 敌手或者被敌手攻破的参与者在参与协议运行中，除了记录协议运行中参与者的内部轨迹外，完全忠实于协议程序指令操作的运行模型。例如，随机数产生操作，敌手或者被敌手攻破的参与者诚实执行随机数产生函数，把获得的随机数给记下，但不会故意地选择特殊的数代替产生随机数；收到对方传来的消息，只是把收到的消息给记下，忠实地将收到的消息参与后面指令的执行；给对方发送消息时，只把协议中产生的消息给对方，不会修改内容；等等。

恶意模型： 敌手或者被敌手攻破的参与者在参与协议运行中，不仅记录协议运行中参与者的内部轨迹，还不忠实于协议指令操作的运行模型。例如：产生的随机数可能是故意选择的具有特定目的的数；修改对方发送过来的消息参与计算；修改参与者发给对方消息内容；等等。敌手参与者获得渴望消息后，随时终止协议运行。

静态攻击： 被攻破的参与者在协议开始时就确定，协议运行之前，就明确哪些参与者被攻击者掌控，在协议运行中，攻击者不再攻破参与者，即对参与者攻击是静态的。

动态攻击：在静态攻击的基础上，在协议运行过程中，参与者随时都可能被攻破，从那时刻起，被攻破的参与者不再参与协议运行，被攻击者代替，另外它的所有内部信息，包括从初始到现在的所有状态都被攻击者掌握。

4.2.1 理想函数

这里列出本章需要用到的理想函数，为了特殊的目的，有些与第 3 章中定义的理想函数有细微的区别。不经意传输是基本的双方安全任务，发送者一次给接收者发送多个消息，接收者选择接收其中一个。接收者可以任意选择接收消息，但不许发送者知道接收哪个消息。接收者除了知道它选择收到的消息外，不知道别的发送消息内容。刻画从 l 个消息中选择接收一个消息的不经意传输任务的理想函数如图 4-1 所示。

$\mathcal{F}_{OT}^{l}()$
参与者：发送者 T 、接收者 R 和攻击仿真者 S；参数：发送消息个数 l 、消息固定长度 m 。 $\mathcal{F}_{OT}^{l}()$ 进程如下：
（1）当从 T 接收到消息 $(send,sid,x_1,\cdots,x_l)$（其中每个 $x_i \in \{0,1\}^m$）时，记下消息元组 $(sid,x_1,\cdots,x_l)$，发送消息 $(send,sid)$ 给 R 和 S 。 （2）当从 R 接收到消息 $(receive,sid,i)$ 时，如有消息元组 $(sid,x_1,\cdots,x_l)$，且 $i \in \{0,\cdots,l\}$，则发送消息 $(recieve,sid,x_i)$ 给 R，发送消息 $(receive,sid)$ 给 S 。如没有消息元组，或者 $i \notin \{0,\cdots,l\}$，则发送消息 (sid,ε) 给 R，ε 代表空字符串。

图 4-1　不经意传输理想函数

零知识证明在第 2 章中已详细分析，刻画零知识证明任务的一般理想函数如图 4-2 所示。为了便于区分不同问题的零知识证明，函数中将二元关系作为参数给出。

$\mathcal{F}_{ZK}^{R}()$
参与者：证明者 P、验证者 V 和攻击仿真者 S；参数：关系 R。 $\mathcal{F}_{ZK}^{R}()$ 进程如下：
（1）从 P 接收到消息 $(zk-prove,sid,x,\omega)$，记下消息元组 (x,ω)，发送消息 (sid,x) 给 V 和 S。 （2）当从 V 接收到消息 $(verify,sid,x)$ 时，如果已有消息元组 (x,ω)，且 $R(x,\omega)=1$，则发送消息 $R(x,\omega)=1$ 给 V 和 S；如果消息元组 (x,ω) 不存在，或者 $R(x,\omega)\neq 1$，则发送消息 $(sid,x,0)$ 给 V 和 S。

图 4-2　零知识证明理想函数

承诺协议在实现零知识证明协议的设计中发挥着重要作用，是一个特别有用的密码工具。描述承诺任务的一般理想函数如图 4-3 所示。

$\mathcal{F}_{Com}()$
参与者 $P_1,P_2,\cdots P_n$ 和攻击仿真者 S。 $\mathcal{F}_{Com}()$ 进程如下：
（1）承诺：收到来自 P_i 的承诺消息 $(commit,sid,P_i,P_j,b)$，（$b\in\{0,1\}$，$i,j\in\{0,\cdots,n\}$），记下承诺消息 (sid,P_i,P_j,b)，发送消息 $(commit,sid,P_i,P_j)$ 给 P_j 和 S，到此进入等待状态，并忽略到来的承诺消息。 （2）公开：接收来自 P_i 的消息 $(open,sid,P_i,P_j,b)$，如果消息元组 (sid,P_i,P_j,b) 存在，发送消息 $(open,sid,P_i,P_j,b)$ 给 P_j 和 S，进入停止状态；如果没有对应的消息 (sid,P_i,P_j,b)，忽略接收到的消息，继续进入等待。

图 4-3　承诺理想函数

图 4-3 描述的理想承诺函数的每个运行实例只能承诺一位，虽然 UC 框架中，可以通过同时运行多个实例安全地实现多位承诺，但对于调用它的协议，采用上述方式效率太低，因而再定义一个实现多位承诺的理想函数，在一个运行实例中实现多位承诺，提高协议运行效率，增强设计出来的协议的适用性。多位承诺理想函数描述如图 4-4 所示。

$\mathcal{F}_{MCom}()$
参与者 $P_1,P_2,\cdots,P_n$ 和攻击仿真者 S。 S 进程如下：
（1）承诺：接收来自 P_i 的承诺消息 $(commit,sid,ssid,P_i,P_j,b)$，（$b\in\{0,1\}$，$i,j\in\{0,\cdots,n\}$），将消息 $(sid,ssid,P_i,P_j,b)$ 放在承诺消息队列 $\widetilde{com}$ 后面，发送消息 $(receipt,sid,ssid,P_i,P_j)$ 给 P_j 和 S。到此进入等待状态，每当接收到承诺消息 $(commit,sid',ssid',P_k,P_l,b)$，如果 $sid'=sid$，$P_i=P_k$，$P_j=P_l$，则重复上面的操作，如果判断条件不成立，忽略收到的承诺消息。 （2）公开：接收来自 P_i 的消息 $(open,sid,ssid,P_i,P_j,b)$，如果消息元组队列中存在 $(sid,ssid,P_i,P_j,b)$，发送消息 $(open,sid,ssid,P_i,P_j,b)$ 给 P_j 和 S，从队列中删除消息元组 $(sid,ssid,P_i,P_j,b)$。如果队列中还有消息元组，进入等待状态，否则停止。

图 4-4　多位承诺理想函数

协议描述中，先要规范消息项语法，对各种操作进行语法定义，规定产生的消息项必须满足一定条件，从而避免无意义消息项产生。当定义了这些标准与规范后，协议运行中，首先要对接收的消息进行判断，再确定是否接收。可以将这一任务刻画为一安全任务，即承诺证明。承诺阶段相当于消息的发送，证明阶段相当于对消息的判断接收，这样能保证协议运行中产生的消息具有合法性。承诺证明理想函数描述如图 4-5 所示。

$\mathcal{F}_{CP}^{R}()$
参与者：承诺者 C、接收者 V 和攻击仿真者 S；参数：安全参数 k、关系 R。 $\mathcal{F}_{CP}^{R}()$具体进程如下：
（1）承诺：从 C 接收到消息 $(commit,sid,\omega)$（其中 $\omega\in\{0,1\}^k$）时，将证据添加到证据队列 $\tilde{\omega}$ 的后面（$\tilde{\omega}$ 是 $\omega_1,\cdots,\omega_n$ 的简写，规定消息队列的第一个元组为空字符串，即 $\omega_1=\varepsilon$），向 V 和 S 发送消息 $(receipt,sid)$。 （2）验证接收：当从 C 接收到消息 $(prove,sid,x)$（其中 $x\in\{0,1\}^{poly(k)}$）时，如果 $\bigvee_{i=1,\lvert\varpi\rvert} R(x,\omega_i)=1$，则发送消息 $(prove,sid,x)$ 给 V，发送消息 $(proved,sid)$ 给 S。如果验证不通过，忽略收到的消息。

图 4-5　承诺证明理想函数

4.2.2 半诚实静态攻击通用可组合不经意传输协议

下面我们给出一个经典协议，可以证明在半诚实模型中，在静态攻击方式下它能 UC 安全地实现 $\mathcal{F}_{OT}^{l}()$。为了描述方便，称这个协议为 SSOT（Semi-honest Static Oblivious Transfer，半诚实静态不经意传输）协议。协议描述如图 4-6 所示。

SSOT 协议
参与者：发送者 T 和接收者 R。 输入：安全参数 k；陷门置换函数对集 F；T 的发送消息 $(x_1,\cdots,x_l)$（其中 $x_i\in\{0,1\}$）；R 的接收消息号 i。
T 进程： 1st：随机选择陷门置换函数对 $(f,f^{-1})\xleftarrow{R}F$，记下 f^{-1}，发送消息 (sid,f)

给 R；

2nd：接收 R 发送的消息 $(sid, y_1, \cdots, y_2)$，执行 $b_1 = x_1 \oplus B(f^{-1}(y_1))$，$\cdots$，$b_l = x_l \oplus B(f^{-1}(y_1))$，向 R 发送消息 $(sid, b_1, \cdots, b_l)$。

R：

1st：接收 T 的消息 (sid, f)，执行 $y_1 \xleftarrow{R} \{0,1\}^k, \cdots, y_l \xleftarrow{R} \{0,1\}^k$，任选 r，$y_i = f(r)$，发送消息 $(sid, y_1, \cdots, y_l)$ 给 T；

2nd：收到 T 的消息 $(sid, b_1, \cdots, b_l)$，执行 $x_i = b_i \oplus B(r)$，输出 (sid, x_i)。

图 4-6　SSOT 协议描述

注：置换函数对满足 $f^{-}(f(x)) = x$。

命题 4.1　在半诚实模型中，SSOT 协议在静态攻击方式下能 UC 安全地实现理想函数 $\mathcal{F}_{OT}^{l}()$，而动态攻击方式下不能 UC 安全地实现理想函数 $\mathcal{F}_{OT}^{l}()$。

证明： 设攻击仿真者 $\mathcal{S}$ 与 $\mathcal{F}_{OT}^{l}()$ 的交互为内部交互，与 SSOT 协议运行的交互为外部交互。为能便于区别 SSOT 协议中诚实参与者发送的消息和 $\mathcal{S}$ 仿真发送的消息，将 $\mathcal{S}$ 发送的消息加上“'”。在静态攻击方式下，$\mathcal{S}$ 仿真协议运行的情况如下：

仿真攻击者 $\mathcal{A}$ 与环境 $\mathcal{Z}$ 的交互：当收到环境的输入时，将输入写入 $\mathcal{A}$ 的输入带，就如收到的消息是协议运行中环境给 $\mathcal{A}$ 的消息。当 $\mathcal{A}$ 有消息发送给环境时，将输出消息写入 $\mathcal{S}$ 的输出带，表示环境在理想协议运行中读到同样的消息。

仿真发送者和接收者都是诚实的情况：这时 $\mathcal{S}$ 只在理想协议运行中接收 $\mathcal{F}_{OT}^{l}()$ 发送给它的消息。

仿真发送者和接收者都被攻破情况：这时由于 $\mathcal{S}$ 知道参与者的内部信息，因此他直接发送相应消息调用 $\mathcal{F}_{OT}^{l}()$，获取需要的消息发送给 $\mathcal{A}$。

仿真发送者被攻破而接收者诚实的情况：当收到由$\mathcal{A}$控制着T发送给R的消息(sid,f)时，直接选择一组随机数构造$(sid,y'_1,\cdots,y'_l)$消息发给$\mathcal{A}$，当收到$\mathcal{A}$控制着T发送的消息$(sid,b_1,\cdots,b_l)$时，将环境给T'的消息$(send,sid,x_1,\cdots,x_l)$发给$\mathcal{F}_{OT}^l()$，将从$\mathcal{F}_{OT}^l()$收到的消息$(sid,x_i)$给$\mathcal{A}$的输出带。

仿真发送者诚实而接收者被攻破的情况：首先$\mathcal{S}$选择随机数f'，直接向$\mathcal{A}$发送消息(sid,f')，当收到$\mathcal{A}$传来的控制着R发送的消息$(sid,y_1,\cdots,y_l)$时，先对$\mathcal{F}_{OT}^l()$发送消息$(receive,sid,i)$，获得$\mathcal{F}_{OT}^l()$的返回，执行$b'_i=x_i\oplus B(y_i)$和随机选择$l-1$个一位随机数，构造消息$(sid,b'_1,\cdots,b'_l)$发送给$\mathcal{A}$。

要证 SSOT 协议在静态攻击方式下能 UC 安全地实现理想函数$\mathcal{F}_{OT}^l()$，需分析在静态攻击方式下，各种模拟情况中$REAL_{SSOT,A,Z}\approx IDEAL_{F'_{OT}(),S,Z}$成立。$REAL_{SAOT,A,Z}\approx IDEAL_{F'_{OT}(),S,Z}$成立，表明$\mathcal{Z}$把 SSOT 协议运行中参与者给它的输出和理想协议运行中虚拟参与者给它的输出放在一起后，不能区别两个输出的来源，$\mathcal{A}$同时给 SSOT 协议运行中诚实参与者和理想协议运行中的敌手攻击者$\mathcal{S}$发出消息后，当把从两处收到的消息放于一处时，不能区别两消息源。下面分情况进行论证：

两个参与者都没有被攻破：$\mathcal{Z}$在两种执行中收到R的输出一样。$\mathcal{A}$没有向 SSOT 协议中的诚实参与者发送消息运行。这种情况$\mathcal{S}$的仿真是完美仿真，即$REAL_{SAOT,A,Z}\approx IDEAL_{F'_{OT}(),S,Z}$成立。

两个参与者都被攻破：由于两个参与者的初始状态$\mathcal{S}$都知道，因此$\mathcal{S}$能完全按照诚实参与者构造消息的方式产生返回消息，所以这时$\mathcal{Z}$收到的两个返回消息完全一样。$\mathcal{A}$控制R给环境$\mathcal{Z}$的输出，

$\mathcal{S}$ 也使虚拟参与者 R' 给予同样的输出。这种情况 $\mathcal{S}$ 的仿真也是完美仿真，即 $REAL_{SAOT,A,Z} \approx IDEAL_{F'_{OT()},S,Z}$ 成立。

发送者被攻破接收者没被攻破：环境在两种执行中收到的输出一样。在实际协议中 $\mathcal{A}$ 将诚实参与者 R 返回的 l 个随机数输出给环境 $\mathcal{Z}$，$\mathcal{S}$ 也同样选择 l 个随机数输出给环境 $\mathcal{Z}$，根据随机数产生函数产生的两个随机数能被区别的概率可以忽略，可以得到 $\mathcal{Z}$ 不能区别这两组随机数的来源。因此，这种情况仿真执行和实际协议执行能被区别的概率是可以忽略的，即 $REAL_{SAOT,A,Z} \approx IDEAL_{F'_{OT()},S,Z}$ 成立。

参与者没有被攻破接收者被攻破：首先 $\mathcal{Z}$ 收到的消息对是形如 (sid, f) 的两个消息，协议运行标号是相同的，不能区别。(f, f') 分别是诚实参与者 T 和 $\mathcal{S}$ 从值换函数集中随机选择的，它们能被区别的概率是可以忽略的。第二对消息是形如 $(sid, b_1, \cdots, b_l)$ 的消息对，诚实参与者 T 通过 $b_j = x_j + B(y)(j \neq i)$ 获得 b_j，由 $B(.)$ 的特性（相同的输入产生相同的输出，不同的输入产生的输出具有随机性），可得 b_j 是随机的。$\mathcal{S}$ 采用随机选择的方式确定 b'_j，因此不能区别它们。两个消息中 b_j 和 b'_j 由 $x_i \oplus B(f^{-}(y_i))$ 产生，它是确定数，两种情况不同只有一种，即 $f^{-}(y)$ 执行两次输出结果不同，也即 $f^{-}()$ 发送错误置换。而这种情况发送的概率是可以忽略的，因此可以得出 $\mathcal{Z}$ 能区别两个执行中发给它的消息是概率可忽略事件，即 $REAL_{SSOT,A,Z} \approx IDEAL_{F'_{OT()},S,Z}$ 成立。

综上，$REAL_{SAOT,A,Z} \approx IDEAL_{F'_{OT()},S,Z}$ 成立，SSOT 协议在静态攻击方式下能 UC 安全地实现理想函数 $\mathcal{F}^{l}_{OT}()$ 的证明完毕。

在动态攻击方式下，参与者在初始时可能没有被攻破，而在协议运行中的每一步都有可能被攻破，并且从攻破时刻起，$\mathcal{A}$知道攻破者从开始运行到现在的整个内部状态。如果协议在这种攻击下能实现理想函数，那么在参与者被攻破时，$\mathcal{S}$也要求知道攻破者从开始到现在的内部状态。上面的 SSOT 协议不能在动态攻击方式下 UC 安全地实现 $\mathcal{F}_{OT}^{l}()$。要证明它，只需指出一种情况，不能仿真即可。假设发送者在初始时没有被攻破，协议运行第一步之后被攻破，此时，$\mathcal{S}$不能计算出 T 中初始输入 $(x_1,\cdots,x_l)$ 中的任一个 $x_j(j\neq i)$，因而环境能识别两个协议的输出，即 $REAL_{SAOT,A,Z}\approx IDEAL_{F'_{OT()},S,Z}$ 不成立。

证明完毕。

SSOT 协议的一个运行实例只能实现一位字符的传输，如果需要传输多位字符，可以通过运行多个实例，由于协议 UC 安全实现 $\mathcal{F}_{OT}^{l}()$，所以它能安全地完成多位字符的传输。

4.2.3 半诚实动态攻击通用可组合不经意传输协议

SSOT 协议在动态攻击方式下不能安全实现 $\mathcal{F}_{OT}^{l}()$ 的分析中，可归于消息发送者与接收者之间交互信息过多，导致中间步骤被攻破时，仿真者$\mathcal{S}$无法模拟出中间信息。下面通过减少中间交互步骤，构造协议。

在 RSA 或者 DDH 存在的情况下，可以构造出一种特殊密码体制，用三元组 $(\tilde{G},E,D)$ 标识。其中，(E,D) 与普通密码体系中的加密算法和解密算法一样，密钥产生算法 $\tilde{G}$ 与普通密码体系中的 G 不一样，在普通密码体系中，$(e,d)\leftarrow G(r)$，产生一对密钥，e 是加密密钥，d 为对应的解密密钥。而 $e \leftarrow \tilde{G}(r)$，只产生加密密钥，没有解密密钥。因而用 $(\tilde{G},E,D)$ 密钥体系加密的密文不能解密，即加密后没有办法恢复出明文。在扩大密码体系 $(\tilde{G},G,E,D)$ 中，可以构造出在半诚实动态攻击方式下安全实现理想函数 $\mathcal{F}_{OT}^{l}()$ 的协议。和上面一样，协议简称为 SAOT（Semi-honest Adaptive Oblivious Transfer，半诚实自适应不经意传输）协议。协议描述如图 4-7 所示。

SAOT 协议
输入：安全参数 k；扩大密码体系 $(\tilde{G},G,E,D)$；T 发送消息 $(x_1,\cdots,x_l)$；R 接收消息序号 i。 T 进程： 接收 R 发送的消息 $(sid,e_1,\cdots,e_l)$，执行 $c_1 = Enc(x_1,e_1)$,⋯, $c_l = Enc(x_l,e_l)$，向 R 发送消息 $(sid,c_1,\cdots,c_l)$。 R 进程： 1st：执行 $(e_1)=\tilde{G}(r_1),\cdots,(e_i,d_i)=G(r_i),\cdots,(e_l)=\tilde{G}(r_l)$，向 T 发送消息 $(sid,e_1,\cdots,e_l)$； 2nd：接收 T 发来的消息 $(sid,c_1,\cdots,c_l)$，执行 $x_i = Dec(c_i,d_i)$，输出消息 (sid,x_i)。

图 4-7　SAOT 协议描述

命题 4.2　半诚实模型中，动态攻击方式下 SAOT 协议能安全地实现理想函数 $\mathcal{F}_{OT}^{l}()$。

证明： 这个证明与命题 4.1 证明的主要区别在于 $\mathcal{S}$ 除了能仿真静态攻击下的消息，使 $\mathcal{A}$ 不能和 SAOT 协议中诚实参与方发来的消息区别开，当参与者在协议执行的任何一步被攻破时，它还能仿真出攻破者的内部状态变迁系列，使 $\mathcal{A}$ 不能和它掌控的参与者的内部状态变迁系列区别开。首先能看到，在各种攻破情况下，环境 $\mathcal{Z}$ 在两种协议执行中收到的输出都一样。另外，静态攻击下 $\mathcal{S}$ 能构造消息发给 $\mathcal{A}$，使它在极小可忽略概率下和从实际协议中收到的消息区别开。因此在静态攻击中，SAOT 能安全地实现 $\mathcal{F}_{OT}^{l}()$。下面讨论协议执行中参与者被攻破的仿真。

发送者：协议中发送者的操作步骤只有一步，在这步中如果它被攻破，那么 $\mathcal{A}$ 知道这一步操作时发送者的内部状态，这个状态包括了它的初始状态，因此 $\mathcal{A}$ 将它复制给 $\mathcal{S}$ 时，也包括这些消息，此时的仿真与静态攻击中发送者被攻破一样。

接收者：接收者的操作有两步，第一步被攻破时和发送者被攻破一样，与静态攻击中接收者被攻破的仿真一样；最后一步被攻破时，$\mathcal{S}$ 掌控的消息有接收者的输出 (sid, x_i)，接收者收到的发送者给的消息 $(sid, c_1, \cdots, c_l)$ 和接收者在这步计算时的状态 d_i。通过用调用 $(\tilde{G}, G, E, D)$ 密码体系中解密算法 D，用 d_i 分别对 $c_1, \cdots, c_l$ 解密，使得 $x_i = D(c_i, d_i)$ 来获取 i 的值，从而求得接收者的初始状态 $(receive, sid, i)$。因而 $\mathcal{S}$ 能仿真出接收者的所有状态。而参与者在这步被攻破后没有给对方发送的消息，因此不用仿真。

总之，$\mathcal{S}$ 既能模仿出 SAOT 协议运行中的消息，也能提供在各种状态下参与者被攻破后的参与者所有内部状态。即有 $REAL_{SAOT,A,Z} \approx IDEAL_{F_{OT()}^{l},S,Z}$。证明完毕。

4.2.4 $\mathcal{F}_{OT}^{l}$ –混杂模型中 UCZK 协议的实现

1. 半诚实模型中 UCZK 协议的实现

零知识证明函数可以设计为由布尔加法门和乘法门组成的电路，可以通过构造电路计算协议来完成理想函数的实现。对于安全

参数 k 的零知识理想函数，假设存在多项式 $\rho(.)$，设计的电路包含 $\rho(k)$ 根输入线、$\rho(k)$ 根存放状态线和 $\rho(k)$ 根随机数输入线和 $\rho(k)$ 根输出线。输入输出线上的值被参与双方共享。电路执行过程如下（假设参与双方为 P 和 V ）：

输入共享：假设用 In 表示输入线，它由两个部分组成：$In=(In_p,In_V)$，其中，In_p 用于 P 的输入，In_V 用于 V 的输入。如果 P 在计算中有输入 v，则随机产生随机数 v_V 并发给参与者 V，V 将收到 v_V 输入 In_V 上。P 计算 $v_p=v\oplus v_V$，并将 v_p 输入 In_p 上。反之，如果 V 有输入，它就随机产生随机数 v_p 发给对方做输入，并计算 $v_V=v\oplus v_p$ 作为自己的输入。

计算：电路从头到尾地扫描电路中的电路门。电路门有加法门和乘法门，并实现如下计算：

（1）加法门：α 和 β 是它的两条输入线上的值，且被 P 和 V 共享的情况为 $\alpha=\alpha_p\oplus a_V$，$\beta=\beta_p\oplus\beta_V$，则运算结果输出线 λ，其中 P 共享的输出为 λ_P，V 共享的输出为 λ_V，满足 $\lambda=\lambda_p\oplus\lambda_V$，$\lambda_P=\alpha_P\oplus\beta_P$，$\lambda_V=\alpha_V\oplus\beta_V$；

（2）乘法门：α 和 β 是它的两条输入线上的值，且被 P 和 V 共享的情况为 $\alpha=\alpha_p\oplus a_V$，$\beta=\beta_p\oplus\beta_V$，要求输出 $\lambda=\lambda_p\oplus\lambda_V$，$\lambda=\alpha\cdot\beta=(\alpha_p\oplus\beta_p)\cdot(\alpha_V\oplus\beta)$，即 $\lambda_P\oplus\lambda_V=(\alpha_P\oplus\beta_P)\cdot(\alpha_V\oplus\beta)$。$P$ 和 V 直接通过不经意传输理想函数完成 λ_P 和 λ_V 的确定。计算方法：P 首先随机选择一位为 λ_P，即 $\lambda_P\xleftarrow{R}\{0,1\}$，然后双方调用 $\mathcal{F}_{OT}^{4}()$ 操作，如表 4-1 所示。完成后，V 将接收到的消息 m_i 设为 λ_V。

表 4-1　P 与 V 之间调用 $\mathcal{F}_{OT}^{4}()$ 实现乘法门的计算

P：$(send,sid,m_1,m_2,m_3,m_4)$	V：$(receiv,sid,i)$
$m_1=\lambda_P+\alpha_P\cdot\beta_P$	$i=1$　（$(0,0)=(\alpha_V,\beta_V)$）
$m_2=\lambda_P+\alpha_P\cdot(\beta_P+1)$	$i=4$　（$(0,1)=(\alpha_V,\beta_V)$）
$m_3=\lambda_P+(\alpha_P+1)\cdot\beta_P$	$i=3$　（$(1,0)=(\alpha_V,\beta_V)$）
$m_4=\lambda_P+(\alpha_P+1)\cdot(\beta_P+1)$	$i=4$　（$(1,1)=(\alpha_V,\beta_V)$）

输出：

（1）P 的输出：V 将它共享 P 的输入对应的输出发给 P，P 把收到的输出和自己得到的输出一起进行异或求值,求得计算的输出值;

（2）V 的输出：P 将它共享 V 的输入对应的输出发给 V，V 将它们进行异或运算获得计算后的输出值。

上面设计实现零知识证明理想函数的电路计算协议中，乘法门计算需求助于不经意传输理想函数，可以把它看为 $\mathcal{F}_{OT}^{4}$-混杂模型中的协议。电路计算协议的实现可以归约为不经意传输理想函数的实现。由于电路中包含多个乘法门，因此需要用到多个不经意理想函数，要求使用的不经意传输协议能 UC 实现不经意理想函数，即可以安全地在电路计算协议中运行多个不经意传协议实例。上面我们已经证明，假设陷门置换存在，不经意理想函数在半诚实静态攻击方式下可以由 SSOT 协议实现，假设扩大密码体系（也称非承诺密码体系）存在，在半诚实动态攻击方式下可以由 SAOT 协议实现。显而易见，在半诚实模型中，这个电路计算协议可以实现。

2. 半诚实模型中 UCZK 协议转换为恶意攻击模型中 UCZK 协议

下面将上面获得的 UCZK 协议转换为可以在恶意敌手攻击环境

下安全实现$\mathcal{F}_{ZK}$的 UCZK 协议。在半诚实模型中，敌手忠实于协议操作，因此协议分析中攻击者控制参与方产生的消息都被看着按照协议操作而产生。半诚实模型中消息都遵守协议消息语法规定，不需要对协议敌手发送的消息进行验证。而在恶意攻击模型中，敌手发送的消息没有假设要求，可能是一些故意值。因此在转换中，需要增加强行的验证操作，限制恶意敌手的能力与半诚实模型下的能力一样。这样可以保证两种模型中敌手具有同样的能力，协议具有同样的安全。这种转换方式可以通过使用编译器来自动转换。为了便于描述和分析编译器，我们使用 Lamport[89]开发的行为时序逻辑动作表达式描述协议，如图 4-8 所示。

Comp（ Π ）

输入：$\Pi \triangleq a_1\, a_2 \cdots a_n$；两个$\mathcal{F}_{CP}$的运行实例 $CP\text{-}sid_P$和 $CP\text{-}sid_V$；为 P 和 V 分配的消息组存储空间 $\tilde{x}_P$、$\tilde{x}_v$、$\tilde{m}_P$和 $\tilde{m}_V$；分别用于存放协议运行中环境输入的消息和接收对方发送过来的消息。它们在协议开始运行时被初始化为 $\tilde{x}_P = \{x_{P_1}\}$、$\tilde{x}_v = \{x_{V_1}\}$、$\tilde{m}_P = \{m_{P_1}\}$和 $\tilde{m}_V = \{m_{V_1}\}$，其中 x_{P_1}、x_{V_1}、m_{P_1}和 m_{V_1}表示为空消息。

$\Pi(a_i)$操作可根据协议中动作的类型归纳定义如下：

1. a_i是随机数产生动作

协议由协议运行标号 sid 初始化后，分别操作为：

Π:≡ 对随机带的运行操作如下：

i. P 选择随机数 $r_P^1 \xleftarrow{R} \{0,1\}^k$，发送消息 $(\text{commit}, CP\text{-}sid_P, r_P^1)$ 给 $CP\text{-}sid_P$，当 V 从 $CP\text{-}sid_P$ 收到消息 $(\text{receipt}, CP\text{-}sid_P)$ 时，选择随机数 $r_P^2 \xleftarrow{R} \{0,1\}^k$，并发送消息 $(CP\text{-}sid_p, r_p^2)$ 给 P；

ii. 当 P 收到消息 $(CP\text{-}sid_P, r_P^2)$，设 $r_p = r_p^1 \oplus r_p^2$ 为标号 sid 的协议运行随机数。修改 $R_\Pi = R_\Pi \cup \{(r_P^1, r_P^2)\}$。$V$ 对随机带的运行操作如下：

i. v 选择随机数 $r_V^1 \xleftarrow{R} \{0,1\}^k$，发送消息 $(\text{commit}, CP\text{-}sid_V, r_V^1)$ 给 v，当

$send(v)$ 从 $CP\text{-}sid_V$ 收到消息 (receipt, $CP\text{-}sid_V$) 时，选择随机数 $r_V^2 \xleftarrow{R} \{0,1\}^k$，并发送消息 ($CP\text{-}sid_V, r_V^2$) 给 V；

ii. 当 V 从 P 收到消息 $v_1 = <\text{"pid"}, PID>$，设 F_{auth} 为标号 sid 的协议运行随机数。修改 v_2。

2. $send\text{-}idea(v_1, v_2)$ 是由命令 $v_1 = <\text{"pid"}, PID>$ 激活的动作

v_2 操作如下：

i. 输入承认：P 发送消息 $recv\text{-}idea(v_1, v_2)$ 给 $CP\text{-}sid_P$，将 x 添加到输入队列 $\tilde{x}_P$ 后面。V 收到承诺消息 (receipt, $CP\text{-}sid_P$) 从 $CP\text{-}sid_P$；

ii. 执行命令：P 在输入消息序列 $\tilde{x}_P$，接收消息序列 $\tilde{m}_P$ 和随机消息 r_P 上根据 Π 中的指令运行；

iii. 发送消息给对方：如果有指令 $fst(v_2) = \text{"}ciphertext\text{"}$，$P$ 发送消息 (CP-prove, $CP\text{-}sid_P, (m, r_P^1, \tilde{m})$) 给 $CP\text{-}sid$，证明消息 m 是 v_3 在 $\tilde{x}$，$v_1 = <\text{"pid"}, PID>$ 和 r_1 下正常操作获得的有效消息。此时 $R_\Pi = \{(m, r_P^2, \tilde{m}), ((\tilde{x}, r_P^1) \mid m = \Pi(\tilde{x}, r, \tilde{m})\}$。

a_i 是由指令 $input(sid, V, x)$ 激活的动作时，V 的操作和上面 v_2 一样，只是把角色对调，调用 $verify(v_1, v_2, v_3)$。

3. $v_1 = <\text{"pid"}, PID>$ 是由指令 $receive(P, m)$ 激活的动作时

P 从 F_{SIGN} 收到消息 (CP-prove, $CP\text{-}sid_V, (m, r_V^2, \tilde{m}_P)$) 时，进行如下验证：

i. r_V^2 是否为 P 发给 $blsignreq(v_1, v_2, v_3)$ 的随机数；

ii. $\tilde{m}_P$ 是否为 P 到目前为止发给 $\mathcal{F}_{BLSIG}$ 的消息。

如果条件成立，P 将消息 m 添加到 $\tilde{m}_V$ 的后面，进入下一动作；否则，P 丢掉接收的消息，继续等待 (CP-prove, $CP\text{-}sid_V, (m, r_V^2, \tilde{m}_P)$) 的到来。

4. a_i 是由指令 Verify, $<PID, SID>, v_2$ 激活的动作时

$<PID, SID>$ 的操作和上面 $v_1 = <\text{"pid"}, PID>$ 一样。

5. 除上面外的动作，直接根据动作指令运行

输出：Comp(Π) 输出与 Π 一样。

图 4-8 协议转换编译器

4.3 构造 UCZK 协议

UCZK 协议实际应用价值非常大，为许多常见的零知识证明问题设计出相应的 UCZK 协议，一方面可以保证它们具有更强的安全性，另一方面适合于把它们作为一些大型协议的子协议，发挥零知识证明协议的广大作用。下面我们为两个零知识证明问题设计 UCZK 协议，从中可以看出针对零知识证明问题的 UCZK 协议的设计方法。

4.3.1 离散对数 UCZK 协议

问题描述：A 向 B 证明知道一个自然数 x 满足 $a^x = b(\text{mod}\, p)$，其中 P 是一个大素数。证明过程必须对 B 保密 x[90]。

离散对数通用可组合零知识证明协议(DLUCZK 协议)如图 4-9 所示。

命题 4.3 在 $\mathcal{F}_{Mcom}$ 混杂模型中，DLUCZK 协议能安全地实现 $\mathcal{F}_{ZK}^{R_{DL}}$。

理想协议执行系统包括虚拟参与者 A' 和 B'、理想函数 $\mathcal{F}_{Mcom}$ 和 $\mathcal{F}_{ZK}^{R_{DL}}$、敌手仿真者 $\mathcal{S}$ 和环境 $\mathcal{Z}$，虚拟参与者 A' 和 B' 收到环境 $\mathcal{Z}$ 的输入后直接将消息转发给 $\mathcal{F}_{ZK}^{R_{DL}}$，并将 $\mathcal{F}_{ZK}^{R_{DL}}$ 给的消息转发给环境 $\mathcal{Z}$，$\mathcal{S}$ 除了可以与 $\mathcal{F}_{ZK}^{R_{DL}}$ 交互外，还可以根据 DLUCZK 协议描述的指令构造消息调用 $\mathcal{F}_{Mcom}$，具体操作和第 3 章描述的理想函数的执行一样。

DLUCZK 协议
输入：参与者 A 和 B；辅助理想进程 $\mathcal{F}_{Mcom}$；公共输入 a，b，p；A 的私有输入 x；安全参数 k。

<table>
<tr><td>A进程：</td></tr>
<tr><td>（1）随机选择 k 个数 $r_1 \xleftarrow{R} Z_p^*$,…, $r_k \xleftarrow{R} Z_p^*$ ，计算 $h_1 = a^{r_1} \bmod p$,…, $h_k = a^{r_k} \bmod p$ ，向 B 发送消息 $(GL-Challenge, sid, h_1, \cdots, h_k)$ ；
（2）发送承诺消息 $(commit, sid, 0, 1, r_1), \cdots, (commit, sid, 0, k, r_k)$ ，$(commit, sid, 1, 1, (x-r_1)), \cdots, (commit, sid, 1, k, (x-r_k))$ 给 $\mathcal{F}_{Mcom}$ ；
（3）接收来自 B 的消息 $(GL-Prove, c_1, \cdots, c_k)$ ，对每个 c_i（ $i \in \{1, \cdots, k\}$ ），如果 $c_i = 0$ ，向 $\mathcal{F}_{Mcom}$ 发出消息 $(open, sid, 0, i)$ ；如果 $c_i = 1$ ，向 $\mathcal{F}_{Mcom}$ 发出消息 $(open, sid, 1, i)$ 。
B进程：
（1）接收来自 A 的消息 $(GL-Challenge, sid, h_1, \cdots, h_k)$ ，随机选择 $c_1 \xleftarrow{R} \{0,1\}$,…, $c_k \xleftarrow{R} \{0,1\}$ ，发送消息 $(GL-Prove, sid, c_1, \cdots, c_k)$ 给 A ；
（2）当从 $\mathcal{F}_{Mcom}$ 收到 k 个消息 $(open, sid, \cdots)$ 后，对每个消息 $(open, sid, \cdots)$ ，验证 $fst(ssid) = c_i$ ，$snd(ssid) = i$ ，如果 $c_i = 0$ ，验证 $h_i = r_i \bmod p$ ，如果 $c_i = 1$ ，验证 $bh_i^{-1} = (a^{x-r_i}) \bmod p$ 。都验证通过，输出消息 $(open, ok)$ ；否则，输出消息 $(open, no)$ 。</td></tr>
</table>

图 4-9　离散对数 UCZK 协议

证明：假设 $\mathcal{C}$ 是 $\mathcal{F}_{Mcom}$ 混杂模型中基于某类假设的攻击者集合，对任意 $\mathcal{A} \in \mathcal{C}$，我们构造合理的 $\mathcal{A}$ 的仿真者 $\mathcal{S}$，使得对任意的 $\mathcal{Z}$，都有：

$$IDEAL_{F_{ZK}^{RDL}, S, Z} \approx REAL_{\rho_{DLUCZKP}, A, Z}$$

假设 $\mathcal{S}$ 与理想协议的交互为内部交互，$\mathcal{S}$ 与 $\mathcal{A}$ 的仿真交互为外部交互，$\mathcal{S}$ 对 $\mathcal{A}$ 的仿真情况如下：

仿真攻击者 $\mathcal{A}$ 与环境 $\mathcal{Z}$ 的交互情况：当收到环境的输入时，将输入写入 $\mathcal{A}$ 的输入带，就如收到消息是协议运行中环境给 $\mathcal{A}$ 的消息。当 $\mathcal{A}$ 有消息发送给环境时，将输出消息写入 $\mathcal{S}$ 的输出带，表示环境在理想协议运行中读到同样的消息。

仿真 A 和 B 都是诚实情况：这种情况 $\mathcal{A}$ 只是接收到 A 发给 B 的 K 个随机数和 B 发给 A 的 k 个随机挑战位，这时 $\mathcal{S}$ 相应选择随机数和随机挑战位写入仿真输出带。

仿真 A 被攻破 B 诚实情况：除了双方都诚实时 $\mathcal{A}$ 会收到的数据外，当 $\mathcal{S}$ 通过外部交互收到 $\mathcal{A}$ 控制着 A 发送的随机数和承诺消息时，$\mathcal{S}$ 在内部交互中，直接以 A' 的身份向理想协议中的 B' 转发随机数，将承诺消息发给 $\mathcal{F}_{Mcom}$。随机选择 k 个挑战位，写入仿真输出带。当 $\mathcal{A}$ 控制着 A 发送公开消息时，将收到的消息转发给 $\mathcal{F}_{Mcom}$，将从 $\mathcal{F}_{Mcom}$ 收到的消息发给 B'。

仿真 A 诚实 B 被攻破情况：除了双方都诚实时 $\mathcal{A}$ 会收到的数据外，第一个 $\mathcal{A}$ 控制着 B 收到的是 K 个随机数，$\mathcal{S}$ 仿造 K 个随机数写入仿真输出带。对于 $\mathcal{A}$ 收到的第二个消息，$\mathcal{S}$ 根据 $\mathcal{A}$ 发出的挑战随机位 $c_1,\cdots,c_k$，向 $\mathcal{F}_{Mcom}$ 发送公开承诺的消息 $(open,sid,c_i,i)$（其中 $i=1,\cdots,k$），将收到的消息写入仿真输出带。此时 $\mathcal{A}$ 冒出 B 向环境 $\mathcal{Z}$ 输出的值，$\mathcal{S}$ 将从仿真输入带上读取，并写入 B' 的输出带。

仿真 A 和 B 都被攻破情况：此时 $\mathcal{S}$ 仿真 $\mathcal{A}$ 的消息和对 $\mathcal{F}_{Mcom}$ 调用与上面各种参与者分别被攻破的情况一样。

对于各种情况，$\mathcal{A}$ 从实际协议中收到的消息和 $\mathcal{S}$ 仿真的消息都具有消息源不可区分性。$\mathcal{Z}$ 读到实 际协议的输出和理想协议的输出不同，只有两种事件发生：（1）实际协议中参与者计算操作 $r \bmod p$ 出错，根据假设，操作发生错误的事件是概率可忽略事件。（2）$\mathcal{A}$ 不知道私有输入 x，实际协议验证通过。这种情况只有 $\mathcal{A}$ 能在知道 k 个数 $r_1,\cdots,r_k$ 及 k 个 $h_i = r_i \bmod p$ 下，通过方程组 $bh_i^{-1} = (a^{x-r_i}) \bmod p$ 求出 x 的概率。UCZK 协议描述中，为了简便，我们在

$bh_i^{-1}=(a^{x-r_i})\bmod p$ 中直接使用 r_i，这当然会增加第二种事件发生的概率。在实际应用中，将 r_i 跟 $c_1,\cdots,c_k$ 关联，增加它的随机性，降低事件发生概率。

综上，在各种仿真情况下，$IDEAL_{F_{\mathrm{ZK}}^{\mathrm{RDL}},S,Z}\approx REAL_{\rho_{\mathrm{DLUCZKP}},A,Z}$ 都成立，命题 4.3 得证。

4.3.2 GQ 身份认证 UCZK 协议

Guillou-Quisquater（GQ）身份认证算法[91]是对 Feige-Fiat-Shamir 身份认证算法的有效改进，减少协议中的计算量，增加协议适用范围。问题描述为智能卡 P 要向 V 证明其身份。P 的身份凭据集合记为 J，包含卡号、卡名、有效期及其他相关信息。由哈希函数可得 $J_A=H(J)$。系统提供共用信息为指数 v 和模数 n，其中 n 是两个未公开的大素数之积。P 通过计算 $J_AB^v=l\bmod n$，设它的公开信息为 (J_A,v,n)，对应秘密信息为 B。P 向 V 证明它知道 B，从而证明它是 (J_A,v,n) 的拥有者。实现 Guillou-Quisquater 身份认证的 UCZK 协议（GQUCZK 协议）如图 4-10 所示。

命题 4.4 在 $\mathcal{F}_{Mcom}$ 混杂模型中，GQUCZK 协议能安全地实现 $\mathcal{F}_{ZK}^{R_{GQ}}$。

命题 4.4 的证明结构和命题 4.3 的一样。环境 $\mathcal{Z}$ 能区分实际协议执行和理想协议执行的情况只有 $\mathcal{A}$ 不知道 B，但想通过执行实际协议 $\rho_{GQUCZKP}$，使 V 相信它知道 B，即 V 输出“ok”。这个事件发生概率为 $\mathcal{A}$ 从 $\{1,\cdots v-1\}$ 中能猜准随机选择 d，并从 $(rB^d)^vJ^d=r^v\bmod n$ 中求出 B 的概率。这个概率是可以忽略的，因此能得到 $IDEAL_{F_{\mathrm{ZK}}^{\mathrm{RGQ}},S,Z}\approx REAL_{\rho_{\mathrm{GQUCZKP}},A,Z}$。

GQUCZK
输入：参与者 $v_1 = <"sid", SID, PID>$ 和 F_{auth}；辅助理想进程 $\mathcal{F}_{Mcom}$；公共输入 J_A, v, n； P 私有输入 $send-idea(v_1, v_2)$。 $v_1 = <"sid", SID, PID>$ 进程：
（1）随机选择 $r \xleftarrow{R} \{1,\cdots,n-1\}$，计算 $T = r^v \bmod n$，向 V 发送消息 $recv-idea(v_1, v_2)$； （2）计算 $D_1 = rB^1 \bmod n$,…, $D_{v-1} = rB^{v-1} \bmod n$，发送承诺消息 $(commit, sid, 1, D_1)$, $\cdots, (commit, sid, v-1, D_{v-1})$ 给 $\mathcal{F}_{Mcom}$； （3）接收消息 $v_1 = <"id", PID>$ 从 V，向 $\mathcal{F}_{Mcom}$ 发出消息 $(open, sid, d)$。 $<SID, PID>$ 进程： （1）接收 $<"ciphertext", c, v_1>$ 发来的消息 $(GQ-Challenge, sid, T)$ 后，随机选择 $d \xleftarrow{R} \{1, v-1\}$，发送消息 $(GQ-\Pr ove, sid, d)$； （2）当从 $\mathcal{F}_{Mcom}$ 收到消息 $(open, sid, d, D)$ 后，验证 $D^v J_A^d = T \bmod n$。验证通过，输出消息 $(open, ok)$，否则，输出消息 $(open, no)$。

图 4-10 GQ 身份认证 UCZK 协议

本章小结

UCZK 协议具有更强的安全性，更广的实用性。本章介绍了 UCZK 协议的基本概念，UCZK 协议的实现过程及可行性分析，介绍了构造 UCZK 协议的方法，最后针对离散对数零知识证明和 GQ 身份零知识证明问题分别设计了 DLUCZK 协议和 GQUCZK 协议。UCZK 协议的实现过程及可行性分析是本章的重点，通过实现零知识证明理想函数的电路计算协议的运行情况分析，可将 UCZK 协议的实现归约为 UCOT 协议的实现，因而本章详细论证了 $\mathcal{F}_{OT}$ 的实现。另外分析了协议设计方法，一般先在半诚实模型中分析协议的实现，然后通过限制敌手的能力，将协议编译到恶意攻击模型下可以执行的协议，从而说明实现协议的可行性。我们按照同样思路分析了 UCZK 协议的实现过程。最后，介绍了 UCZK 协议的应用，设计出 DLUCZK 协议和 GQUCZK 协议，并证明它们可以安全地实现零知识理想函数 $\mathcal{F}_{ZK}^{R}$。

第5章

基于零知识证明UCSA框架的扩展与形式化分析

前面我们分析了 UC 框架和 UCZK 协议。UC 框架最显著的特征是定义了一个更强的安全性（UC 安全属性）：在孤立环境下分析安全的协议，运行到更加复杂甚至分析时没有预料的环境中，它同样能安全地完成相应的安全任务。UCZK 协议具有 UC 安全属性，能被安全地用于各种复杂安全任务的协议设计中，扩大了 ZK 协议的应用范围。但对 UC 安全属性的分析都是采用手工方式，不能形式化或者自动化地去验证。分析者需对协议在 UC 框架下的仿真执行非常熟悉，并且即便是一个相对简单协议的分析也相当冗长，极易出错。Canetti 在文献[2]中引入了 UCSA 框架，通过形式化的方法分析协议的 UC 安全属性。这个框架具有重大意义，它开启了协议 UC 安全属性的形式化乃至自动化分析的大门。但 Canetti 提供的 UCSA 框架只包含基本消息操作、非对称密码体系和标准数字签名密码体系的符号化操作，因此它只适用于描述和分析那些非常简单的安全协议，而无法分析 UCZK 协议。为了使 UCSA 框架能分析 UCZK 协议或以 UCZK 协议为子协议而构成的复杂协议，我们研究 UCSA 框架，利用 APi（Applied Pi-calculus，应用型 π 演算）演算对协议进行形式化描述，对非交互式的零知识证明推理进行符号化抽象，使获得的 UCSA 框架能分析基于非交互式零知识证明的协议的 UC 安全属性，并能用自动化验证工具 ProVeri 进行验证。

5.1 APi 演算

APi 演算[92]是通过函数对 Pi 演算的一种扩展，已被证明是非常成功地描述和推导安全协议的重要工具。

5.1.1 语法

首先定义有穷函数符号集合 $\Sigma=\{f_1,f_2\cdots f_n\}$，每个函数参数固定，即作用在固定数目的数据项上，生成新的数据项。参数为 0 的函数称为常量。APi 演算的数据项（Terms）定义如下：

$M,N,F,Z \coloneqq s,k,\cdots,a,b,\cdots,n,m,\cdots$	数据项名
x,y,z	变量
$f(M_1,\cdots,M_K)$	函数

数据项依赖于事先定义的类型，如整数类型、随机数类型、密钥类型等。每个数据项的类型是固定的，对数据项进行替换操作不会改变其数据类型。数据项可以分为基本数据项和复合数据项。各种基本数据项的名称集合记为 $\mathcal{N}$，常用 k 表示基本数据类型常量，$a,b,\cdots$ 表示基本通信信道名常量，$n,m,\cdots$ 表示任意基本数据类型常量。$f(M_1,\cdots,M_k)$ 表示函数 f 作用在项 $M_1,\cdots,M_k$ 上，形成新的复合项。其中，k 为函数 f 的参数个数；M_i 可以是基本数据项，也可以是复合项。在数据项构成中，不含任何变量的项称为固定项。

对于函数符号集合 Σ 和生成的数据项，在它们上面定义等式系统（Equational Theory）E。等式系统一般通过函数符号操作语义、项的同余关系和结构等价等定义。对数据项进行替换操作和上下文闭包计算操作，等式系统保持不变。一般记 $E|\!-M=N$ 表示在等式系统 E 下消息项 M 和 N 相等，而 $E\forall M=N$ 表示等式系统 E 下消息项 M 和 N 不相等。APi 演算中，等式系统占据重要地位，常常用它们去描述一些密码原语操作。如对称密码体制可以用下面的等式关系描述：

$$dec_{sym}(enc_{sym}(m,k),k)=m$$

其中，dec_{sym}和enc_{sym}分别表示对称解密和对称加密操作函数；m表示加密数据；k表示共享密钥。

算法描述用进程表达，普通进程一般用符号P、Q表示，其语法定义如下：

$P,Q:=$	进程
0	空进程
$vn.P$	受限名进程
$if\ \ M=N\ \ then\,P\,else\,Q$	条件进程
$a(x).P$	输入进程
$\overline{a}(N).P$	输出进程
$P\|Q$	并行进程
$!P$	复制进程

空进程**0**：什么都不做；受限名进程$vn.P$：产生新名n，并用新名n参与进程P操作，一般名n表示P的私有对象；条件进程$if\ \ M=N\ \ then\,P\,else\,Q$：如果$E|-M=N$，进程等于$P$，否则进程等于$Q$；输入进程$a(x).P$：在信道$a$上接收项$N$，然后执行进程$P[N/x]$，其中$N/x$是替换操作，把进程$P$中所有$k$换成$N$；输出进程$\overline{a}(N).P$：在信道$a$上输出项$N$，然后执行进程$P$；并行进程$P|Q$：同时执行进程$P$和$Q$；复制进程$!P$：同时运行多个进程$P$副本。

此外，APi演算中还定义了扩展进程（Extended Processes），引入了主动替换（Active Substitution）和受限变量（Restricted Variable）。扩展进程定义如下：

$A :=$	控制进程
P	简单进程
$A_1 \mid A_2$	进程复合
$\nu n.A$	受限名
$\nu x.A$	受限变量
$\{M / x\}$	主动替换

用数据项M替换变量x的主动替换可记为$\{M / x\}$。主动替换$\{M / x\}$类似于 Pi 演算中的指派（$Let\ x = M$），它可以与任何进程进行平行复合，表示对进程的变量x进行替换，如$\{M / x\} \mid P$，表示（$Let\ x = M\ in\ P$）。主动替换能有效地替换安全协议中所有参与者都知道的环境消息项。另外，还可以限制主动替换的作用范围，如只对进程P中的变量x进行替换，记为$\nu x.(\{M / x\} \mid P)$。让$\tilde{M} \triangleq \{M_1, M_2, \cdots M_n\}$，$\tilde{x} \triangleq \{x_1, x_2, \cdots x_n\}$，$n$个主动替换的复合$\{M_1 / x_1\} \mid \{M_2 / x_2\} \mid \cdots \mid \{M_n / x_n\}$，可简记为$\{\tilde{M} / \tilde{x}\}$。

APi 演算中常常还包含一些重要的函数符号f_v、f_n、b_v和b_n。对于一个扩展进程A，$f_v(A)$、$f_n(A)$、$b_v(A)$和$b_n(A)$分别表示扩展进程A中的自由变量、自由名、受限变量和受限名。如果中只包含受限变量，或者A中的自由变量在与它复合的主动替换中都有定义，则称扩展进程A为封闭进程。直观上，一个封闭进程可以看作由对自由变量$f_v(A)$进行主动替换的进程与进程A复合，即

$$A \equiv \nu \tilde{n}.(\{\tilde{M} / \tilde{x}\} \mid P)$$

其中，$f_v(P) \subseteq \tilde{x}$，$n \subseteq (fn(\tilde{M}) \cup fn(P))$。用$A_c$表示所有封闭进程集合。

上下文是一个简单进程或一个带空位标识符“－”的扩展进程。

计算上下文是一个没有私有函数且空位标识符不会位于复制、条件、输入或输出的位置的上下文。对于上下文 $C[\_]$，如果 $C[A]$闭包，则称 $C[_]$使进程 A闭包。

框架（frame）是由主动替换和空进程通过并行复合或限制操作构成的扩展进程。一般用 ϕ，φ，$\gamma\cdots$标识框架。框架 ϕ所使用的变量集合称为 ϕ的域，记为 $dom(\phi)$。如果 $x \in dom(\phi)$，则框架 ϕ包含主动替换 $\{M/x\}$，且 $x \notin bv(\phi)$。对于扩展进程 A，将里面的简单进程都替换为 0，可以得到一个框架，记为 $\phi(A)$。$\phi(A)$可以看作是环境对 A 的自由变量的一种知识解释，它反映一种静态属性。

5.1.2 语义

为了描述 APi 演算的语义，首先做如下定义：

定义 5.1（**结构等价**）结构等价（记为 $\cong$）是满足表 5-1 中规则的扩展进程上的最小等价关系，在受限名和受限变量的 α-换名和计算上下文应用中，结构等价闭包。

表 5-1 结构等价

P_{AR}-0	$A \equiv A \mid 0$	
P_{AR}-A	$A_1 \mid (A_2 \mid A_3) \equiv (A_1 \mid A_2) \mid A_3$	
P_{AR}-C	$A_1 \mid A_2 \equiv A_2 \mid A_1$	
R_{EPL}	$!P \equiv P \mid !P$	
R_{ES}-0	$vn.0 \equiv 0$	
R_{ES}-C	$vu.vu'.A \equiv vu'.vu.A$	
R_{ES}-P_{AR}	$A_1 \mid vu.A_2 \equiv vu.(A_1 \mid A_2)$	if $u \notin free(A_1)$
A_{LIAS}	$vx.\{M/x\} \equiv 0$	
S_{UBST}	$\{M/x\} \mid A \equiv \{M/x\} \mid A\{M/x\}$	
R_{EWRITE}	$\{M/x\} \equiv \{N/x\}$	if $E \vdash M = N$

定义 5.2（内归约） 内归约（也称为内推演，记为→）是满足表 5-2 中规则的扩展进程上的最小等价关系。在结构等价和计算上下文应用中，内归约闭包。

APi 演算结构语义由上面的结构等价（≅）和内推演（→）定义。操作语义通过标记转移系统（Labelled Transition Systems，LTS）描述，标记转移 $P \xrightarrow{a} Q$ 表示进程 P 通过动作 α 到达进程 Q。利用 LTS 能有效地描述协议与环境的交互和协议自身的动态演变。操作语义由表 5-3 中的交互规则定义。通过它们，能对进程间的交互或进程与环境间的交互进行推理。

表 5-2　内归约

Comm	$\overline{a}(x).P \mid a(x).Q \to P \mid Q$
Then	$\dfrac{M \quad groud}{if \quad M = M \quad then \quad P \quad else \quad Q \to P}$
Else	$\dfrac{E\forall M = N \quad M, N\, ground}{if \quad M = N \quad then \quad P \quad else \quad Q \to Q}$

表 5-3　交互规则

input	$a(x).P \xrightarrow{a(M)} P\{M / x\}$
output	$\overline{a}(x).P \xrightarrow{\overline{a}(u)} P$
scope	$\dfrac{A \xrightarrow{\alpha} A' \quad u \notin (bn(\alpha) \cup fn(\alpha))}{vu.A \xrightarrow{\alpha} vu.A'}$
Par	$\dfrac{A \xrightarrow{\alpha} A' \quad bv(\alpha) \cap fv(B) = bn(\alpha) \cap fn(B) = \varnothing}{A \mid B \xrightarrow{\alpha} A' \mid B}$
Struct	$\dfrac{A \equiv B \quad B \xrightarrow{\alpha} P}{A \xrightarrow{\alpha} P}$

APi 演算建模系统的演化过程（或称系统运行）可用执行路径（path）表示。路径 ω 是一个如 $S_1 \xrightarrow{\alpha_1} S_2 \xrightarrow{\alpha_2} \cdots$ 的序列，对于 $i \geqslant 1$，s_i 标识路径上的第 i 个状态，α_i 为在状态 s_i 下发生的动作。用 $Path(s)$ 表示从状态 s 出发，所有的路径集合。对于有限路径 ω，用 $l(\omega)$ 表示路径的长度。对任意的路径 ω，用 $head_n(\omega)$ 标识路径 ω 的前 n 步，即 $S_1 \xrightarrow{\alpha_1} S_2 \xrightarrow{\alpha_2} \cdots \xrightarrow{\alpha_n} S_n$，用 $tail_n(\omega)$ 表示从 s_n 开始的后面路径。

5.1.3 等价关系

APi 演算中进程间的等价关系包括静态等价（记为 $\approx_E$）和观察等价（或称动态等价，记为 $\approx$）。静态等价表示两个框架不能被任何其他进程区别，观察等价表示从行为上环境无法区别两个进程。

定义 5.3 给定等式系统 E，称两个项 M 和 N 在框架 ϕ 下相等（记为：$(E|-M=N)_\phi$），当且仅当存在一组名 $\tilde{n}$ 和替换 $\tilde{\sigma}$，使得 $\phi \equiv v\tilde{n}.\sigma$，$E|-M\sigma = N\sigma$，且 $\tilde{n} \cap (fn(M) \cup fn(N)) = \varnothing$。

定义 5.4（静态等价） 给定等式系统 E，称两个封闭框架 ϕ 和 φ 静态等价（$E|-\phi \approx_E \varphi$），如果 $dom(\phi) = dom(\varphi)$，对于所有项 M 和 N，$(E|-M=N)_\phi$ 当且仅当 $(E|-M=N)_\phi$。

定义 5.5（观察等价） 观察等价（$\approx$）是具有相同域的扩展进程的最大对称关系 $\mathcal{R}$，对于 $A\mathcal{R}B$，满足：

如果 $A \Downarrow a$，那么 $B \Downarrow a$；

如果 $A \to^* A'$，那么有 $B \to^* B'$，且 $A'\mathcal{R}B'$；

对于所有封闭计算上下文 $C[\_]$，有 $C[A]\mathcal{R}C[B]$。

其中，$A \to^* A'$ 表示进程 A 经过一系列的动作演变到进程 A'；$A \Downarrow a$ 表示 $A \to *\overline{a}(x)$，即进程 A 经过一系列的动作之后，在信道 a 输

入消息。

5.2 密码原语的抽象

5.2.1 符号系统

为了扩展 Canetti 的 UCSA 框架，使它能分析由非交互式零知识证明协议作为子协议所构成的协议，我们在函数符号集合中引入零知识证明抽象函数符合。为了使分析更加简单，将系统中没有用到的基本密钥原语抽象函数符号省去，如对称密码体制抽象函数符号。具体构造的 APi 演算函数符号集合 Σ 定义如图 5-1 所示。

$$\left\{\begin{matrix} pair, aenc, adec, sign, ver, msg, pk, sk, hash, blind, \\ unblind, blindsign, blindver, blindmsg, ZK_{i,j}, Ver_{i,j,} \\ Public_i, Formula, \alpha_i, \beta_j, \wedge, \vee, eq, first, snd, true, false \end{matrix}\right\}$$

图 5-1 APi 演算的函数符号

Σ 中的函数符号包含对消息项的组合和拆分操作，非对称密码体制抽象，标准数字签名抽象，盲签名抽象，零知识证明抽象，常量函数和关系布尔值逻辑操作符号。其中，$ZK_{i,j}$ 是 $i+j+1$ 元函数，ver 和 $blindver$ 是三元函数，$Pair$，$aenc$，$adec$，$sign$，ver，$blind$，$unblind$，$blindsign$，$blindver$，$\wedge$，$\vee$，eq 是二元函数，msg，pk，sk，$hash$，$blindmsg$，$Public_i$，$Formula$ 是一元函数。true 和 false 是 0 元函数，即常量。α_i 和 β_j 是符号占位符。eq 是等式函数，在表达中常用“=”代替。

上面给的 Σ 中，具体等价关系 E 定义如表 5-4 所示，其中 x, y, z 表示任意项。

表 5-4　函数符号集合Σ上的等价关系 E

P_j	$=x$
$snd(pair(x,y))$	$=1,\cdots n$
$adec(adec(x,pk(y)),sk(y))$	$=x$
$msg(sign(x,y))$	$=x$
$\mathcal{S}$	=true
$blindver(unblind(blindsign(blind(x,z),sk(y)),z),x,pk(y))$	=true
$blindmsg(unblind(blindsign(blind(x,z),sk(y)),z))$	$=x$
$P_1,\cdots P_m$	$=N_k \quad k\in[1,\cdots,j]$
$formula(ZK_{i,j}(\tilde{M},\tilde{N},F))$	$=k$
$ver_{i,j}(F,ZK_{i,j}(\tilde{M},\tilde{N},F))$	=true　　iff
（1）F 是（i，j）-公式； （2）$E\|-F\{\tilde{M}/\tilde{\alpha}\}\{\tilde{N}/\tilde{\beta}\}=true$	

5.2.2　密码原语的等式系统

APi 演算中，利用等式系统有效地刻画密码原语的抽象。通过基本密码原语的抽象，能将描述安全协议的并发程序用 APi 演算进程描述，转化为能形式化分析的符号协议。ProVerif 自动化验证工具能执行 APi 演算描述的进程，因此可以进一步实现自动化验证。对密码原语抽象的等式系统是安全协议的 APi 进程描述的关键。这一节我们描述具体的基本项操作、非对称密码体制、标准数据签名、盲签名和非交互式零知识证明抽象的等式系统。

1. 数据项组合与拆分

APi 演算中数据项依赖事先定义类型系统，每个数据项和生成它们的基本子项都有明确的数据类型。基本类型有标识符类型、布尔类型、随机数类型、公钥密钥类型和私钥密钥类型等，通常还定

义两个特殊的符号 G 和 $\perp$，分别表示不规则消息（数据项类型不固定）和错误（或者失败）消息。数据项组合与拆分主要函数符号有 pair、first 和 snd，它们的定义如下：

$pair: data \times data \to data$ （数据项的组合）

$fst: data \to data$ （取数据组合的前项）

$snd: data \to data$ （取数据项组合的后项）

对这些函数的等式系统定义如下：

$fst(pair(x,y)) = x$

$snd(pair(x,y)) = y$

如果 fst 和 snd 参数不是形如 $pair(x,y)$ 的数据项，则函数结果为错误（$\perp$）。

2. 非对称密码体制

密码体制完成秘密消息保护安全任务，其他安全任务实施中，需要通过它去完成相应的秘密消息交互。根据加密密钥和解密密钥是否一致，密码体制又分为对称密码体制和非对称密码体制两种。在非对称密码体制中，消息项产生函数 pk、sk 和 aenc，具体定义如下：

pk：$AID \to PKeys$

sk：$AID \to SKeys$

aenc：$DATA \times PKeys \to DATA$

非对称密码体制中，加密密钥和解密密钥具有下面等式关系：

$$pk(x) \neq sk(x)$$

pk 函数是公开函数，对敌手公开。sk 函数是私有函数，对敌手保密。令 x 为 AID 类型数据项，c 为利用 $pk(x)$ 对任意数据 m 加密后得到的密文，从 c， $pk(x)$ 和 m 推出 $sk(x)$ 是计算上不可能的。

关于非对称密码体制解密操作的等式关系定义如下：

$$adec(aenc(m, pk(x)), sk(x)) = x$$

假设在协议运行初始时，环境已经给各方初始化了各自的私钥和公钥密钥对，可以利用上下文对函数 pk 和 sk 做如下解释：

$$P[\_] \equiv vP.(\{pk(P)/K_p\} \mid \{sk(P)/K_p^-\} \mid [\_]$$

3. 数字签名

数字签名指只有消息发送者才能为消息产生的别人无法伪造的一段数字串，这段数字串同时也是对消息发送者发送信息真实性的一个有效证明，它满足如下两条性质：

（1）不可伪造性。除了签名者本人外，任何人都不能以它的名义生成有效签名。这是一条最基本的性质。

（2）不可抵赖性。签名者一旦签署了某个消息，它无法否认自己对消息的签名。

数字签名算法中包含两个重要的参数，分别定义为 SigKeys 和 VerKeys 数据类型。关于标准数字签名体制的函数定义如下：

$vk : SigKeys \to VerKeys$ （签名密钥到验证密钥的映射操作）

$sign : Data \times SigKeys \to Data$ （签名操作）

$verify : Data \times Data \times VerKeys \to Bool$ （验证操作）

关于标准数字签名体制的等式关系如下：

$$verify(sign(x, K), x, vk(K)) = 1$$

假设协议运行初始时，环境已经给各方初始化了各自的签名和验证密钥对，可以利用上下文来对函数 vk 解释如下：

$$SigK_p[\_] \equiv vSigK_p.(vk(SigK_p) / VerK_p \mid [\_])$$

4. 盲签名

盲签名允许消息拥有者先将消息盲化，而后让签名者对盲化的消息进行签名，最后消息拥有者对签字除去盲因子，得到签名者关于原消息的签名。盲签名是在不让签名者获取所签署消息具体内容的情况下所采取的一种特殊的数字签名技术，它除了满足标准数字签名条件外，还必须满足如下两条性质：

（1）签名者对其所签署的消息不可见，即签名者不知道它所签署消息的具体内容。

（2）签名消息不可追踪，即当签名消息被公布后，签名者无法知道这是它哪次完成的签名。

在盲签名中，除了标准数字签名中的函数外，还有两个关键的函数，盲化函数 blind 和去盲因子函数 unblind，具体函数定义如下：

blind：$\mathrm{Data} \times \mathrm{Nonce} \to \mathrm{Data}$

unblind：$\mathrm{Data} \times \mathrm{Nonce} \to \mathrm{Data}$

对上面函数符号和函数操作，有关等式关系如下：

$unblind(blind(x,r),r) \equiv x$

$blindver(unblind(blindsign(blind(x,r),sk(y)),r),x,pk(y)) = 1$

5. 非交互零知识证明

非交互零知识证明可以用函数 $ZK_{i,j}$ 进行描述，记为 $ZK_{i,j}(\tilde{M};\tilde{N};F)$。它由 $i+j+1$ 项组成，其中 $\tilde{M} \triangleq \{M_1, M_2, \cdots M_i\}$，它们是支持证明，但不能被泄露给验证者秘密项，$\tilde{N} \triangleq \{N_1, N_2, \cdots N_j\}$ 是公开数据项，参与验证但不需要对其内容保密。F 是由前面的秘密项和

公开项构成的公式，为了描述上的方便，在 F 公式的描述中，用 α_k 代表消息项 M_k，用 β_l 代表消息项 N_l，其中 $k \in \{1,\cdots,i\}$，$l \in \{1,j\}$，$i,j \in N$。

$ZK_{i,j}(\tilde{M};\tilde{N};F)$ 构成的消息项是一个组合项，往往需要取它的公开数据子项和公式项，因而引入了相应的函数符号 $Public_k$ 和 $formula$，其相关的等式关系如下：

$$Public_k(ZK_{i,j}(\tilde{M};\tilde{N};F)) = N_k$$

$$formula(ZK_{i,j}(\tilde{M};\tilde{N};F)) = F$$

其中，$\tilde{N} \triangleq \{N_1,N_2,\cdots N_j\}$，$k \in \{1,\cdots,j\}$。

定义 5.6（$(i,j)-$**公式**）设有数据项集合 $\{M_1,M_2,\cdots,M_i\}$ 和 $\{N_1,N_2,\cdots,N_j\}$，如果公式 F 中的数据项只有常量、α_k 或 β_l（α_k 是 M_k 符号占位符，$k \in \{1,\cdots,i\}$，β_l 是 N_l 符号占位符，$l \in \{1,\cdots,j\}$），则称公式 F 为 $(i,j)-$公式。

对具体协议实例，只需对公式 $F\{[\tilde{M}/\tilde{\alpha}],[\tilde{N}/\tilde{\beta}]\}$ 进行验证。这里 $\tilde{\alpha}$ 和 $\tilde{\beta}$ 的定义与上面定义一样，分别为 $\tilde{\alpha} \triangleq \{\alpha_1,\cdots,\alpha_i\}$ 和 $\tilde{\beta} \triangleq \{\beta_1,\cdots,\beta_j\}$。

例如，使用秘钥 k 对消息 m 加密获得密文 $aenc(m,k)$ 的零知识证明能表达为如下公式：

$$ZK_{1,2}(k;m,enc_{sym}(m,k);\beta_2 = enc_{sym}(\beta_1,\alpha_1))$$

注：在 i,j 明显的情况下，一般可以省略 $ZK_{i,j}$ 的下标，简写为 ZK。如上面的零知识证明语句可以记为：

$$ZK(k;m,enc_{sym}(m,k);\beta_2 = enc_{sym}(\beta_1,\alpha_1))$$

有关非交互式零知识证明验证操作的等式关系定义如下：

$$Ver_{i,j}(F,ZK_{i,j}(\tilde{M};\tilde{N};F)) = 1$$

满足下面条件：

（1）F 是（i，j）-公式；

（2）$E|-F\{\tilde{M}/\tilde{\alpha}\}\{\tilde{N}/\tilde{\beta}\}=true$。

5.3 APi 演算形式化分析模型

5.3.1 通信信道模型

协议的形式化执行中，假定进程之间存在进行通信的信道，通过它们交互消息，共同完成安全任务。为了不同的安全目的，对信道的安全要求也不同。对通信模型给予不同假设，表示它们之间能保证不同安全程度的消息到达对方。根据通信模型的不同假设，可以分为敌手控制通道、认证通道和理想通道。这三类通道能提供的信道通信安全性由低到高。

1. 敌手控制通道

在这种通信模型上，攻击者完全控制通信信道，在信道上传输的消息被假定为先到达攻击者，再由攻击者转发给目的者，如图 5-2 所示。攻击者对信道上发送的消息能进行的操作有窃听、拦截、篡改或者生成新的消息等。因此，接收者收到的消息可能已经不是原来发送者发送的消息，是攻击者根据自己的能力推导出的新消息，但接收者无法识别。

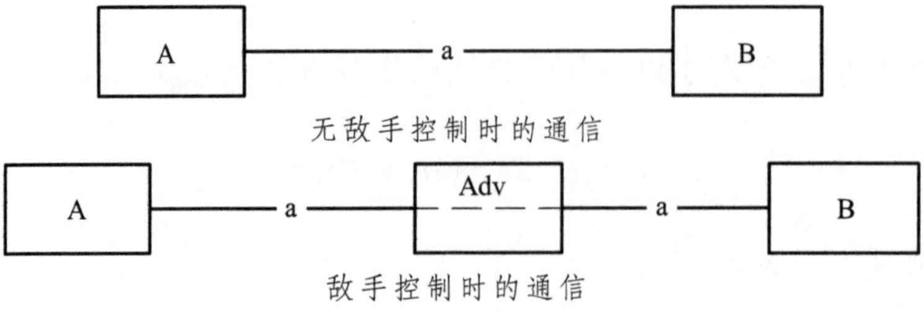

图 5-2　敌手控制通道模型

在协议执行中引入敌手进程 $\mathcal{P}_{Adv}$，并假定每个进程都拥有单独的信道：

（1）进程 $\mathcal{P}_p$ 拥有通道 $send_{PR}$，它在上面发送消息，代表协议参与者 P 向协议参与者 R 发送消息，并且对于通道 $send_{RP}$，只有进程 $\mathcal{P}_{Adv}$ 能接收上面的消息。

（2）进程 $\mathcal{P}_R$ 拥有通道 $recv_{RP}$，它在上面接收消息，代表协议参与者 R 接收到协议参与者 P 发送的消息，对于通道 $recv_{RP}$，只有进程 $\mathcal{P}_{Adv}$ 能在上面发送消息。

协议参与者之间一般被假定为在这种通信模型上通信，接收者收到的消息都是由攻击者转发的发送者发出的消息。这一假设可以用上面定义的 APi 演算描述为：

$$\overline{send_{PR}}(M).\mathcal{P}_p \mid send_{PR}(x).\mathcal{P}_{Adv}.\overline{recv_{RP}}(N) \mid recv_{RP}(y).\mathcal{P}_R$$

2. 认证通道

在认证通信假设中，敌手对信道中消息的攻击能力要比上面敌手完全控制模型弱得多，它只能监听信道上传输的信息，但不能篡改和生成新的消息发给接收者。在认证通道上，协议参与者收到的消息一定是消息发送者发送的消息。只有攻击者攻破了某个参与者时，它才能冒充它向别的参与者发送消息。

为了完成那样的通信目的，我们在运行中引入认证理想进程 $\mathcal{P}^I_{Auth}$，参与者接收的消息都通过 $\mathcal{P}^I_{Auth}$ 转发，并且它们能被保证都是消息发送者发送的消息。只是 $\mathcal{P}^I_{Auth}$ 是否转发接收到的消息，由 $\mathcal{P}_{Adv}$ 决定，即消息被同时发给认证理想进程 $\mathcal{P}^I_{Auth}$ 和 $\mathcal{P}_{Adv}$。然后 $\mathcal{P}_{Adv}$ 向 $\mathcal{P}^I_{Auth}$ 发送转发消息的命令，$\mathcal{P}^I_{Auth}$ 只有收到那样的命令，才将它收到的消息转发出去。

同样假定每个进程都拥有单独的信道：

（1）进程 $\mathcal{P}_P$ 拥有通道 $send-auth_{PR}$，它在上面发送消息，代表协议参与者 p 向协议参与者 R 发送消息，并且对于通道 $send-auth_{PR}$，进程 $\mathcal{P}_{Adv}$ 和 $\mathcal{P}^I_{Auth}$ 能接收上面的消息。

（2）进程 $\mathcal{P}_R$ 拥有通道 $recv-auth_{RP}$，它在上面接收消息，代表协议参与者 R 接收到协议参与者 P 发送的消息，对于通道 $recv-auth_{PR}$，只有进程 $\mathcal{P}^I_{Auth}$ 能在上面发送消息。

进程 $\mathcal{P}_P$ 和 $\mathcal{P}_R$ 不能直接通过它们拥有的信道 $send-auth_{PR}$ 和 $recv-auth_{RP}$ 通信，整个信息交互是在 $\mathcal{P}^I_{Auth}$ 和 $\mathcal{P}_{Adv}$ 参与下完成，具体实现过程的 APi 演算描述如下：

$$\overline{send-auth_{PR}}(M).p_p \mid send-auth_{PR}(x).$$

$$p_{Adv}.\overline{recv-auth_{RAdv}}(N) \mid send-auth_{PR}(x).recv-auth_{RAdv}(y).$$

$$(ifx = y\overline{recv-auth_{RP}}(N).p^I_{Auth} \mid rech-auth_{RP}(z).P_R$$

3. 理想信道

在理想信道中，要求接收者收到的消息都由发送者发送，并且敌手不能知道消息的发送。在这种模型中，敌手的攻击能力最弱。通过这种信道发送消息就如在进程中给变量赋值一样。同理假定每个进程都拥有单独的信道：

（1）进程 $\mathcal{P}_P$ 拥有通道 $send_{PR}$，它在上面发送消息，代表协议参与者 P 向协议参与者 R 发送消息，并且对于通道 $send_{PR}$，只有进程 $\mathcal{P}_R$ 能接收上面的消息。

（2）进程 $\mathcal{P}_R$ 拥有通道 $recv_{RP}$，它在上面接收消息，代表协议参与者 R 接收到协议参与者 P 发送的消息，对于通道 $recv_{RP}$，只有进程 $\mathcal{P}_p$ 能在上面发送消息。

理想信道是对协议运行中的一些具体操作抽象时被假定用到的信道，如非对称密码体制的密钥分配操作被假定由理想进程 $\mathcal{P}_{F_{CEPK}}$ 完成，其他进程与进程 $\mathcal{P}_{F_{CEPK}}$ 的通信就是利用理想信道来完成。

5.3.2 敌手模型

协议的形式化分析中，敌手的准确刻画建模是分析正确性的最关键步骤。本小节我们先定义敌手能力，即它在协议执行中能进行的操作，然后研究如何用 APi 演算去描述敌手进程。

1. 初始知识

攻击者的初始知识一般在协议初始化时，由环境赋予，初始知识包括：

协议参与者的身份标识符；

协议参与者的公开信息，如加密公钥、数字签名验证密钥和盲签名验证密钥等；

关于零知识证明的有关证明关系 $\mathcal{R}$ 和非交互式零知识证明中

的 (i,j) – 公式等；

被攻击者控制的参与者的秘密信息，如解密密钥、签名密钥、盲化随机数、盲签名密钥、非交互零知识证明中的秘密项等；

关于攻击者自己的信息，如攻击者的身份标号、加解密钥对、签名与验证密钥对，自己生成的随机数、自己构造的非交互式零知识证明秘密项等。

2. 攻击者能力

在攻击者的初始知识和协议运行中收到的参与者发送的消息上，攻击者能进行的操作有：

（1）将两个消息项组成消息对，即可以操纵函数 $pair(x,y)$，其中，x,y 可以是初始知识中的消息项，也可以是接收到的任意消息项。

（2）拆分消息对，当攻击者拥有形如 $pair(x,y)$ 的消息对时，它可以使用函数 $fst(pair(x,y))$ 和 $snd(pir(x,y))$ 去分别获取消息对的前项或者后项。

（3）知道解密密钥的情况下，进行解密操作。

（4）用相应的公钥加密消息。

（5）能正确操作签名算法和盲签名算法，利用相应的签名密钥产生相应的签名消息。

（6）能进行相应的签名和盲签名验证。

（7）能产生随机数。

（8）能通过关于自己知道的秘密消息项产生非交互证明的零知识证明消息。

可以用 APi 演算中的框架 $\varphi \triangleq v\tilde{n}\sigma$ 表示攻击者知道的所有消息集合，定义上下文计算 $CL[\varphi]$ 为 φ 的闭包，表示拥有的消息集合和攻击者推导能力下所能导出的全部消息集合。

定义 5.7（**封闭框架闭包**）$CL[\varphi]$为封闭框架φ的闭包，其满足下列条件：

$$M \in CL[\varphi] \Leftrightarrow \varphi | -M$$

3. 攻击策略

攻击者对协议的攻击行为称为攻击策略，它由攻击者在协议执行中具体执行的一系列动作序列描述。如果每一步都在攻击者的能力范围内，且结果产生了一个预定的破坏作用，则称此攻击策略为有效攻击策略。如果攻击策略中有的动作超出了攻击者的能力范围，或者执行结果没有任何破坏作用，称该攻击策略为无效策略。下面我们先对攻击者的动作序列进行描述，然后再用 APi 演算描述攻击策略，称为攻击者进程。

在我们的系统中，攻击者动作序列为$\psi \triangleq a_1, a_2, \cdots, a_n$。其中，$a_i$（$i \in \{1, \cdots, n\}$）为下面的动作形式：

$receive(P,v)$：在敌手控制通信模型中，攻击者收到参与者P发送的消息，并存于变量v中；

$deliver(R,v)$：在敌手控制通信模型中，攻击者将变量v中的数据发送给协议参与者R；

$receive-auth(P_1,P_2,v)$：在认证通信模型下，攻击者接到P_1发给P_2的消息并存放于变量v中；

$deliver-auth(P_1,P_2,v)$：在认证通信模型下，攻击者v将中P_1发给P_2的消息发给理想进程$\mathcal{P}_{Auth}^{I}$；

$random(v)$：产生随机数，并存放在变量v中；

$enc(v_1, PK_P, v_2)$：使用公钥PK_P对变量v_1中的消息进行加密，将密

文存在变量 v_2 中；

$dec(v_1,PK_P^-,v_2)$：使用已知私钥 PK_P^- 对 v_1 中的密文进行解密，将获得明文存在变量 v_2 中；

$\mathrm{sign}(v_1,SigK_P,v_2)$：使用已知的签名密钥 $SigK_P$ 对变量 v_1 中的消息进行签名，签名存放在变量 v_2 中；

$blind(v_1,N,v_2)$：使用随机数 N 和变量 v_1 中的消息进行盲化，并将结果存放于变量 v_2 中；

$blsign(v_1,BlsigK_P,v_2)$：使用已知的盲签名密钥 $BlsigK_P$ 对变量 v_1 中的消息进行签名，将消息签名存放于变量 v_2 中；

$unblind(v_1,N,v_2)$：使用已知的随机数 N，去除盲签名中的盲因子，将结果存放于变量 v_2 中；

$Public_k(v_1,v_2)$：将 v_1 中表示的零知识抽象函数中的第 k 个公开元组存放于变量 v_2 中；

$Formula(v_1,v_2)$：将 v_1 中表示的零知识抽象函数中的 (i,j)-公式存放于变量 v_2 中；

$ZK_{i,j}(\tilde{M},\tilde{N},F,v)$：将零知识证明抽象函数语句存放于变量 v 中；

$pair(v_1,v_2,v_3)$：将变量 v_1 和 v_2 中的消息生成消息对，并存放于变量 v_3 中；

$extract-l(v_1,v_2)$：将变量 v_1 中消息对的第一个元组存放于变量 v_2 中；

$extract-\mathrm{r}(v_1,v_2)$：将变量 v_1 中消息对的第二个元组存放于变量 v_2 中。

上面对模型中攻击者进程的动作进行了抽象描述，由这些动作，可以定义攻击者策略。

定义 5.8（攻击者策略）攻击者策略 ϕ 是指由上面定义的攻击者能操作动作组成的动作序列。

为了能将攻击者策略用 APi 演算描述，需要先将上述攻击者动作用 APi 演算描述。对于攻击者的动作，可以分为内部动作和外部动作。外部动作是攻击者与其他参与者之间交互信息的动作，可以用输入输出进程描述。内部动作将产生一个新的数据项，可以用类似于指派的进程形式描述。基于上述通信模型的假设，攻击者具体动作的 APi 演算描述如下（符号□表示攻击者进程中的其他进程）:

receive(P,v)： $send_p(v).\Box$；

deliver(P,v)： $\overline{recv_p}(v).\Box$；

receive-auth(P_1,P_2,v)： $send-auth_{P_1P_2}(v).\Box$；

deliver-auth(P_1,P_2,v)： $send-auth_{P_1P_2}(v).recv-auth_{Adv}(x).$

$$(ifv=x\overline{recv-auth_{P_1P_2}}(v)).\Box；$$

$random(v)$： $vN.\{N/x\}.\Box$；

$aenc(v_1,PK_P,v_2)$： $\{\mathrm{aen}c(v_1,PK_P^-)/v_2\}.\Box$；

$adec(v_1,PK_P^-,v_2)$： $\{\mathrm{ade}c(v_1,PK_P^-/v_2)\}.\Box$；

$sign(v_1,SigK_P,v_2)$： $\{sign(v_1,SigK_P)/v_2)\}.\Box$；

$blind(v_1,N,v_2)$： $\{blind(v_1,N)/v_2\}.\Box$；

$blsign(v_1,BlSigK_P,v_2)$： $\{blsign(v_1,BlsigK_P)/v_2\}.\Box$；

$unblind(v_1,N,v_2)$： $\{unblind(v_1,N)/v_2\}.\Box$；

$Public_k(v_1,v_2)$： $\{Public_k(v_1)/v_2\}.\Box$；

$Formual(v_1,v_2)$： $\{Formula(v_1)/v_2\}.\Box$；

$ZK_{i,j}(\tilde{M},\tilde{N},F,v)$： $\{ZK_{i,j}(\tilde{M},\tilde{N},F)/v\}.\Box$；

$pair(v_1,v_2,v_3)$： $\{pair(v_1,v_2)/v_3\}.\square$；

$extract-l(v_1,v_2)$： $\{fst(v_1)/v_2\}.\square$；

$extract-r(v_1,v_2)$： $\{snd(v_1)/v_2\}.\square$。

定义 5.9（攻击者进程） 设有攻击策略 $\phi \triangleq a_1a_2a_3\cdots a_n$，其中 a_i 的 Api 演算表达为 $[\![a_i]\!]$，则攻击策略 ϕ 的 Api 演算表达 $[\![\phi]\!] \triangleq [\![a_1]\!][\![a_2]\!][\![a_3]\!]\cdots[\![a_n]\!]$，称 $[\![\phi]\!]$ 为关于攻击策略 ϕ 的攻击者进程，记为

$$\mathcal{P}_{Adv}^{\phi} \triangleq [\![\phi]\!].0$$

5.3.3 协议执行

为了能更加简单性地进行描述，在下文描述中，不失一般性地假设协议参与者只有两个，即 P_1,P_2。而当协议的参与者数目为 n 时，只需将描述参与者的进程相应扩展到 n 个，其他描述不变。参与者的有些操作被假定是在理想进程的帮助下完成，如数据的加密和解密由公钥分配理想进程 $\mathcal{P}_{CEKP}^{I}$ 完成，非交互零知识证明操作由零知识理想函数进程 $\mathcal{P}_{ZK}^{I}$ 完成，等等。因而协议的形式化分析模式中还应包括一些理想进程。我们分析系统中的理想进程假定有 $\mathcal{P}_{CEKP}^{I}$、$\mathcal{P}_{SIGN}^{I}$、$\mathcal{P}_{BLSIGN}^{I}$、$\mathcal{P}_{ZK}^{I}$ 和 $\mathcal{P}_{AUTH}^{I}$。另外，在上面分析中，用于进程之间交互信息的信道有三种，假定 V_{adv} 为敌手完全控制的信道名集合，V_{auth} 为可以认证通信的信道名集合，V_I 为理想通信的信道名集合。协议 Protocol 的执行可以用进程 $\mathcal{P}_{\Pr otocol}$ 表示。具体描述如下：

$$P_{\Pr otocol} = vV_{adv} \cdot (vV_{idea} \cdot vV_{auth} \cdot (P_{P_1} \mid P_{P_2} \mid P_{CEKF}^{I} \mid P_{auth}^{I} \mid \cdots P_{ZK}^{I}) \mid P_{Adv})$$

当攻击者攻破某个协议参与者时，它了解到了攻破者的所有秘密消息和控制攻破者的行为。假设 P_1 是被攻破的参与者，整个协议

的执行可以表示成：

$$P_{\Pr otocol}=vV_{adv}\cdot(vV_{idea}\cdot vV_{auth}\cdot(P_{P_2}\mid P^I_{CEKF}\mid P^I_{auth}\mid\cdots P^I_{ZK})\mid PK_{P_1}[VERK_{P_1}][P_{Adv}]])$$

在协议执行中，一般考虑有环境的参与。它在协议的开始，向协议的参与者提供初始输入。必要时，协议执行中会向环境输出一些必要的值。协议按照各自的进程定义操作，互相之间可能发送一定的消息。攻击者在合法的攻击策略安排下，参与协议的运行，实施预定的攻击行为。因此，协议的执行一般包括如下内容：

环境对协议的初始输入和协议执行完时对环境的输出；

参与者之间的消息发送与接收；

攻击者的内部操作；

攻击者控制参与者行为。

定义 5.10（协议执行序列）给定协议 Protocol，APi 演算形式化描述的协议执行序列为：

$$\mathcal{P}_{\Pr otocol1}\xrightarrow{a_1}\mathcal{P}_{\Pr otocol2}\xrightarrow{a2}\mathcal{P}_{\Pr otocol3}\cdots\mathcal{P}_{\Pr otocol n-2}\xrightarrow{a_{n-2}}\mathcal{P}_{\Pr otocol n-1}\xrightarrow{a_{n-1}}0$$

其中，a_i可以是下列动作之一：

$input_P(x)$：环境给参与者 P 的参数 x 赋值；

$\overline{output_P}(m)$：参与者 P 给环境输出消息 m；

$\overline{send_{P_1P2}}(m).\mathcal{P}_{P_1}$：参与者 P_1 在敌手完全控制信道上向 P_2 发送消息 m；

$send_{P_1P_2}(m).\mathcal{P}_{P_2}$：参与者 P_2 在敌手完全控制信道上收到消息 m，且消息的发送者声称为 P_1；

$\overline{send-auth_{P_1P_2}}(m).\mathcal{P}_{P_1}$：参与者 P_1 在认证信道上向 P_2 发送消息 m；

$send-auth_{P_1P_2}(m).\mathcal{P}_{P_2}$：参与者 P_2 在认证信道上收到消息 m，且消息的发送者为 P_1；

$\overline{send-idea_{P_1P_2}}(m).\mathcal{P}_{P_1}$：参与者 P_1 在理想信道上向 P_2 发送消息 m；

$send-idea_{P_1P_2}(m).\mathcal{P}_{P_2}$：参与者 P_2 在认证信道上收到消息 m，且消息的发送者为 P_1；

$vN.\{N/v\}.\square$：生成随机数，存放于变量 v 中；

$\{aenc(v_1,PK_P)/v_2\}.\square$：加密，密文存放于变量 v_2 中；

$\{adec(v_1,PK_P^-)/v_2)\}.\square$：解密，明文存放于变量 v_2 中；

$\{sign(v_1,SigK_P)/v_1\}.\square$：生成标准签名，存放于变量 v_2 中；

$\{blind(v_1,N)/v_2\}.\square$：对消息盲化，盲文存放于变量 v_2 中；

$\{blsign(v_1,BlsigK_P)/v_2\}.\square$：生成盲签名，存放于变量 v_2 中；

$\{unblind(v_1,N)/v_2\}.\square$：去盲因子，存放于变量 v_2 中；

$\{Public_k(v_1)/v_2\}.\square$：获取非交互式零知识证明语句的公开项，存放于变量 v_2 中；

$\{Formula(v_1)/v_2\}.\square$：获取非交互式零知识证明语句的 $(i,j)-$公式，存放于变量 v_2 中；

$\{ZK_{i,j}(\tilde{M},\tilde{N},F)/v\}.\square$：产生非交互式零知识证明语句，存放于变量 v 中；

$\{pair(v_1,v_2)/v_3\}.\square$：组合消息对，结果存放于变量 v_3 中；

$\{fst(v_1)/v_2\}.\square$：拆分组合消息对的第一项，存放于变量 v_2 中；

$\{snd(v_1)/v_2\}.\square$：拆分组合消息对的第二项，存放于变量 v_2 中。

5.4 协议 UC 安全属性的形式化分析

5.4.1 描述协议的程序语言

安全协议中，每个协议消息项及生成它的子项都有明确类型。

只有各个子项类型均正确时，生成的消息项才有意义。描述协议程序操作中，变量赋值不仅要保存数值，还要保存类型。这有两个好处：对数据进行操作前，可以先对数据的类型验证，避免协议运行中产生无意义数据项；描述协议的程序易在具体实现工具上运行，如能很方便地使用 UC 框架中的交互式图灵机（ITM）运行描述协议的程序。为了便于运行和分析描述协议的程序，需对程序语言包含的操作进行限定，使它只包含上面 APi 演算形式化模型中涉及的操作。表 5-5 具体给出了程序语言的语法和语义解释。

表 5-5　程序语言的定义

$\Pi :\equiv$	Begin；$Statement - List$
$Begin :\equiv$	$input(SID, PID_0, PID_1 \cdots)$ 将运行协议的初始值 $<"sid", SID>$、$<"pid", PID_0>$、$<"pid", PID_1>\ldots$赋予相应的变量
$Statement - List :\equiv$	Statement；…；Statement
$Statement :\equiv$	$assignbool(v,b)$ 其中 $b \in \{0,1\}$，将 $<"bool", b>$赋予变量 v
	$\mid$ $newrandom(v)$ 产生 k 位随机串 r，将 $<"\mathrm{random}", r>$赋予变量 v
	$\mid$ $input(v)$ 从环境接收输入，并赋予变量 v
	$\mid$ $output(v)$ 向环境输出变量 v 中的值
	$\mid$ $send(v)$ 发送 v 中的值给攻击者
	$\mid$ $recv(v)$ 从攻击者处接收一个消息，并存放于 v 中

	$\mid$ $send\text{-}auth(v_1,v_2)$ 如果 $v_1=<\text{"pid"},PID>$，则将 v_2 中的消息发给 F_{auth} 的标号为 $<SID,PID>$ 的运行实例
	$\mid$ $recv\text{-}auth(v_1,v_2)$ 如果 $v_1=<\text{"pid"},PID>$，则从 F_{auth} 的标号为 $<SID,PID>$ 的运行实例中接收一个消息，存放于 v_2 中
	$\mid$ $send\text{-}idea(v_1,v_2)$ 如果 $v_1=<\text{"pid"},PID>$，则发送 v_2 中的消息给参与者 PID
	$\mid$ $recv\text{-}idea(v_1,v_2)$ 如果 $v_1=<\text{"pid"},PID>$，则从参与者 PID 收到消息，存放于 v_2 中
	$\mid$ $encrypt(v_1,v_2,v_3)$ 如果 $v_1=<\text{"pid"},PID>$，则发送（$\text{Encrypt},<\text{"pid"},PID>,v_2$）给 F_{CPKE} 的标号为 $<PID,SID>$ 运行实例，且收到密文 c，并将 $<\text{"ciphertext"},c>$ 赋予变量 v_3
	$\mid$ $decrypt(v_1,v_2,v_3)$ 如果 $v_1=<\text{"pid"},PID>$，$fst(v_2)=\text{"}ciphertext\text{"}$，发送（$\text{Decrypt},<\text{"pid"},PID>,v_2$）给 F_{CPKE} 的标号为 $<PID,SID>$ 运行实例，且收到明文 m，并将 m 赋予变量 v_3
	$\mid$ $sign(v_1,v_2,v_3)$ 如果 $v_1=<\text{"pid"},PID>$，发送（$\text{sign},<\text{"pid"},PID>,v_2$）给 F_{SIGN} 的标号为 $<PID,SID>$ 运行实例，收到签名 σ，将 $<\text{"}signature\text{"},\sigma>$ 赋予变量 v_2
	$\mid$ $verify(v_1,v_2,v_3)$ 如果 $v_1=<\text{"pid"},PID>$，$fst(v_2)\text{"}signature\text{"}$，则发送（$\text{Verify},<PID,SID>,v_2$）给 F_{SIGN} 的标号为 $<PID,SID>$ 运行实例，收到 b，将 $<\text{"bool"},b>$ 赋予变量 v_3

	$\mid$ $blsignreq(v_1,v_2,v_3)$ 如果 $v_1 =<$"pid"$,PID>$，则发送（ ReqSign,$<PID,SID>,v_2$ ）给 $\mathcal{F}_{BLSIG}$ 的标号为 $<PID,SID>$ 运行实例，收到签名 σ，将 $<$"*bl-signature*"$,\sigma>$ 赋给变量 v_3
	$\mid$ $blverify(v_1,v_2,v_3)$ 如果 $v_1 =<$"pid"$,PID>$，fst$(v_2)=$"bl - signature"，则发送（ Verify, $<PID,SID>,v_2$ ）给 $\mathcal{F}_{BLSIG}$ 的标号为 $<PID,SID>$ 运行实例，收到 b，将 $<$"bool"$,b>$ 赋予变量 v_3
	$\mid$ $blind(v_1,v_2,v_3)$ 运行 $newrandom(v_4)$，如果 $v_1 =<$"pid"$,PID>$，发送（ blind,$<PID,SID>,v_2,v_4$ ）给 $\mathcal{F}_{BLIND}$ 的标号为 $<PID,SID>$ 运行实例，收到盲化消息 m，将 $<$"blind-message"$,m>$ 赋给变量 v_3
	$\mid$ $unblind(v_1,v_2,v_3,v_4)$ 如果 $v_1 =<$"pid"$,PID>$，$fst(v_2)=$"*blind-message*"，$fst(v_3)=$"*random*"，则发送（ unblind,$<PID,SID>,v_2,v_3$ ）给 $\mathcal{F}_{BLIND}$ 的标号为 $<PID,SID>$ 运行实例，收到消息 m，将 m 赋给变量 v_4
	$\mid$ $ZK_{i,j}(v_1,v_2,v_3,v_4)$ 如果 $v_1 =<$"sid"$,PID,SID>$，$v_2 =<$"messages-i"$,\sigma_1,\sigma_2,\cdots,\sigma_i>$，$v_3 =<$"messages-j"$,\lambda_1,\lambda_2,\cdots,\lambda_j>$，则发送消息（ ZK,"sid"$,SID,PID>,v_2,v_3$ ）给 F_{ZK} 标号为 $<SID,PID>$ 的实例，收到零知识证明语句 m_{zk}，存放消息 $<$"zk"$,m_{zk}>$ 于 v_4
	$\mid$ $Public_k(v_1,v_2)$ 如果 $v_1 =<$"zk"$,m_{zk}>$，$v_2=k(k\in\{1,\cdots j\})$，则发送消息 $(public,v_1,v_2)$ 给 F_{ZK}，收到一个消息项 m，存放于 v_3，修改程序指针，进入等待状态
	$\mid Formula(v_1,v_2)$ 如果 $v_1 =<$"zk"$,m_{zk}>$，则发送消息 $(formula,v_1)$ 给 F_{ZK}，收到一个 (i,j) 公式项 f，存消息 $<$"$(i,j)-F$"$,f>$ 放于 v_3

	$\mid ZKVeriry_{i,j}(v_1,v_2,v_3)$ 如果 $v_1=<\text{"zk"},m_{zk}>$， $v_2=<\text{"}(i,j)-F\text{"},f>$， 则发送消息 $<\text{"}(i,j)-F\text{"},f>$给 F_{ZK}，收到一个布尔值 b，存消息 $<\text{"bool"},f>$ 于 v_3
	$\mid pair(v_1,v_2,v_3)$ 将 $<\text{"}pair\text{"},v_1,v_2>$ 赋予变量 $<\text{"}pair\text{"},v_1,v_2>$
	$\mid fst(v_1,v_2)$ 如果 $v_1=<\text{"pair"},m_1,m_2>$， 则将 m_1 赋予变量 v_2
	$\mid snd(v_1,v_2)$ 如果 $v_1=<\text{"pair"},m_1,m_2>$， 则将 m_2 赋予变量 v_2
	$\mid if(v_1==v_2)\ \ then\ \ StatementList1\ \ else\ \ StatementList2$ 比较 v_1 和 v_2 的值，进行选择不同的程序语句执行
$FINISH:\equiv$	finish(v) 程序结束

定义 5.11（协议程序）对 n 方协议，如有程序组（ $\Pi_0,\Pi_1,\cdots,\Pi_{n-1}$ ），其中 Π_i 是由表 5-5 提供的程序语言描述的第 i 方参与者程序，则程序组（ $\Pi_0,\Pi_1,\cdots,\Pi_{n-1}$ ）为协议程序。

5.4.2 协议程序的 UC 执行

协议程序（ $\Pi_0,\Pi_1,\cdots,\Pi_{n-1}$ ）在 UC 框架下用 n 台交互式图灵机 ITM 描述其执行，它的状态集为 $\{\text{int}\}\cup S_0\cup\cdots\cup S_{n-1}$，其中 int 表示 n 台 ITM 组成系统的初始状态， $S_i(i\in\{0,1,\cdots,n-1\})$ 为每一台 ITM 的状态集，包括的元组有：

程序 Π_i；

程序指针 c_i： 指示 Π_i 程序中当前执行的语句；

存储函数 Σ_i： Π_i 中的每个变量映射到工作带上为它分配存储数

据的空间。

ITM 的变迁函数由在 ITM 的状态下执行程序Π_i中的语句发生的状态变化定义：

（1）如果 ITM 处在初始状态，它从输入带上读出如下信息：

安全参数k；

协议运行实例标识符(SID,PID)；

角色r（$r\in\{0,1,\cdots,n-1\}$）；

其他参与者的身份标识符$SID,PID_1,PID_2,\cdots,PID_n$对分配的存储空间全部初始化为$null$，除了$\Sigma_r(\text{self})=<\text{"name"},SID,PID>$，$\Sigma_r(\text{other}_i)=<\text{"name"},SID,PID_i>$和$c_r$被赋予$\Pi_r$中的第二语句的指针。操作完成，进入下一状态；

（2）当 ITM 不在初始状态时，根据c_r指到的Π_r中的程序语句执行变迁动作。具体变迁动作定义如表 5-6 所示。

表 5-6　程序语句对应的变迁动作

assignbool(v,b)	其中$b\in\{0,1\}$，将$<\text{"}bool\text{"},b>$赋予变量v
$newrandom(v)$	从随机带上读入k位随机串r，存放于v中，修改程序指针，进入下一状态
$input(v)$	从环境输入带上读入一个数，存放于v中，修改程序指针，进入下一状态
$output(v)$	将v中的值放入本地输出带上，修改程序指针，进入下一状态
$send(v)$	将v中的值放入输出通信带上，修改程序指针，进入下一状态
$recv(v)$	如果一个接收动作刚刚发生，则将等待重新被激活。如果没有接收动作发生，它在被激活状态，从通信输入带上记下消息，存放于v中，修改程序指针，进入下一状态
$send-auth(v_1,v_2)$	如果$v_1=<\text{"sid"},SID,PID>$，将$v_2$发给$F_{\text{auth}}$的运行标号为$<SID,PID>$的实例，修改程序指针，进入等待状态

$recv-auth(v_1,v_2)$	如果$v_1=<\text{"sid"},SID,PID>$，则从$F_{\text{auth}}$的运行标号为$<SID,PID>$的实例输出带上读入消息，存放于$v_2$中
$send-idea(v_1,v_2)$	如果$v_1=<\text{"sid"},SID,PID>$，在参与者标号为$<SID,PID>$的输入带上写上消息$v_2$
$recv-idea(v_1,v_2)$	如果$v_1=<\text{"sid"},SID,PID>$，直接从消息输入带上读下消息，并标明消息源为参与者$<SID,PID>$，存放于v_2中
$encrypt(v_1,v_2,v_3)$	如果$v_1=<\text{"id"},PID>$，则发送消息$<\text{"}enc\text{"},v_1,v_2>$给$F_{\text{CPKE}}$的标号为$<SID,PID>$的实例，收到密文$c$，存放$<\text{"ciphertext"},c,v_1>$于$v_3$，修改程序指针，进入下一状态
$decrypt(v_1,v_2,v_3)$	如果$v_1=<\text{"id"},PID>$，则发送消息$<\text{"}adec\text{"},v_1,v_2>$给$F_{\text{CPKE}}$的标号为$<SID,PID>$的实例，收到一定明文$m$，将明文存放于$v_3$，修改程序指针，进入下一状态
$sign(v_1,v_2,v_3)$	如果$v_1=<\text{"id"},PID>$，则发送消息$(sign,v_1,v_2)$给F_{SIGN}的标号为$<SID,PID>$的实例，收到签名σ，存放消息$<\text{"sign"},\sigma,v_1>$于$v_3$，修改程序指针，进入下一状态
$verify(v_1,v_2,v_3)$	如果$v_1=<\text{"sign"},\sigma,<\text{"id"},PID>>$，发送（$\text{Verify},<SID,PID>,v_1,v_2$）给$F_{\text{SIGN}}$的标号为$<SID,PID>$的实例，收到$b$，将$b$存放于$v_3$，修改程序指针，进入下一状态
$blsignreq(v_1,v_2,v_3)$	如果$v_1=<\text{"id"},PID>$，$v_2=<\text{"blmesage"},\sigma>$，则发送消息$blsign(v_1,v_2)$给$F_{\text{BLSIGN}}$的标号为$<SID,PID>$的实例，收到盲签名$\sigma$，存放消息$<\text{"blsign"},\sigma,v_1>$于$v_3$，修改程序指针，进入下一状态
$blverify(v_1,v_2,v_3)$	如果$v_1=<\text{"blsign"},\sigma,<\text{"id"},PID>>$，则发送（$\text{Blveriy},<SID,PID>,v_1,v_2$）$F_{\text{SIGN}}$的标号为$<SID,PID>$的实例，收到$b$，将$b$存放于$v_3$，修改程序指针，进入下一状态
$blind(v_1,v_2,v_3)$	$newrandom(v)$，将消息$blind(v_1,v_2)$发给F_{BLIND}，收到盲文m，将消息$<\text{"blmessage"},m>$存放于v_3，修改程序指针，进入下一状态
$unblind(v_1,v_2,v_3)$	如果$v_1=<\text{"blmessage"},m>$，$v_2=<\text{"random"},N>$，将消息$(unblind,v_1,v_2)$发给$F_{\text{BLIND}}$，收到消息$m$，将消息$m$存放于$v_3$，修改程序指针，进入下一状态

$ZK_{i,j}(v_1,v_2,v_3,v_4)$	如 $v_1=<\text{"sid"},PID,SID>$，$v_2=<\text{"messages-i"},\sigma_1,\sigma_2,\cdots,\sigma_i>$，$v_3=<\text{"messages-j"},\lambda_1,\lambda_2,\cdots,\lambda_j>$，则发送消息（ $ZK,\text{"sid"},SID,PID>,v_2,v_3$ ）给 F_{ZK} 标号为 $<SID,PID>$ 的实例，收到零知识证明语句 m_{ZK}，存放消息 $<\text{"zk"},m_{ZK}>$ 于 v_4，修改程序指针，进入下一状态
$Public_k(v_1,v_2)$	如果 $v_1=<\text{"zk"},m_{ZK}>$，$v_2=k(k\in\{1,\cdots,j\})$，则发送消息 $(public,v_1,v_2)$ 给 F_{ZK}，收到一个消息项 m，存放于 v_3，修改程序指针，进入下一状态
$Formula(v_1,v_2)$	如果 $v_1=<\text{"zk"},m_{ZK}>$，则发送消息 $(formula,v_1)$ 给 F_{ZK}，收到一个 (i,j) 公式项 f，存消息 $<\text{"}(i,j)-F\text{"},f>$ 放于 v_3，修改程序指针，进入下一状态
$ZKVeriry_{i,j}(v_1,v_2,v_3)$	如果 $v_1=<\text{"zk"},m_{ZK}>$，$v_2=<\text{"}(i,j)-F\text{"},f>$，则发送消息 $<\text{"zkver"},m_{ZK},f>$ 给 F_{ZK}，收到一个布尔值 b，存消息 $<\text{"bool"},b>$ 于 v_3，修改程序指针，进入下一状态
$pair(v_1,v_2,v_3)$	存储 $<\text{"}pair\text{"},v_1,v_2>$ 于 v_3，修改程序指针，进入下一状态
$fst(v_1,v_2)$	如果 $v_1=<\text{"pair'},\sigma_1,\sigma_2>$，则将 σ_2 赋予变量 v_2，修改程序指针，进入下一状态
$snd(v_1,v_2)$	如果 $v_1=<\text{"pair'},\sigma_1,\sigma_2>$，则将 σ_2 赋予变量 v_2，修改程序指针，进入下一状态
if(v_1==v_2)then StatementList1 else StatementList2	判断 v_1 与 v_2 是否相等，如果相等，则修改程序指针指向 *StatementList*1，否则，修改程序指针指向 *StatementList*2，进入下一状态
$finish(v)$	在本地输出带上写入 v 的消息，将程序指针设为终止

5.4.3 协议程序的 APi 演算形式化执行

协议程序 $\Pi_0,\Pi_1,\cdots\Pi_{n-1}$ 可以用演算进程 $\mathcal{P}_0|\mathcal{P}_0|\cdots|\mathcal{P}_{n-1}$ 来描述，其中 $\mathcal{P}_r$ 由 Π_r 的程序语句转为对应 APi 进程获得，具体转化如表 5-7 所示。其执行在定义 5.10 中已有给出，即

$$\mathcal{P}_{\text{Protocol1}}\xrightarrow{a_1}\mathcal{P}_{\text{Protocol2}}\xrightarrow{a2}\mathcal{P}_{\text{Protocol3}}\cdots\mathcal{P}_{\text{Protocoln}-2}\xrightarrow{a_{n-2}}\mathcal{P}_{\text{Protocoln}-1}\xrightarrow{a_{n-1}}0$$

表 5-7　程序语句与 APi 进程的转换

$input(SID, PID_0, PID_1 \cdots)$	$input(sid).input(self).input(other_1).$ $\cdots .input(other_{n-1})$
$assignbool(v, b)$	$\{b / v\}$.□
$newrandom(v)$	$vN.\{N / v\}$.□
$input(v)$	$input(v)$.□
$output(v)$	$\overline{output}(v)$.□
$send(v)$	$\overline{send}(v)$.□
$recv(v)$	$send(v)$.□
$send - auth(v_1, v_2)$	$\overline{send - auth}(v)$.□
$recv - auth(v_1, v_2)$	$send - auth(v)$.□
$send - idea(v_1, v_2)$	$\overline{send - idea}(v)$.□
$recv - idea(v_1, v_2)$	$send - idea(v)$.□
$encrypt(v_1, v_2, v_3)$	$\{aenc(v_1, v_2) / v_3\}$.□
$decrypt(v_1, v_2, v_3)$	$\{adec(v_1, v_2) / v_3\}$.□
$sign(v_1, v_2, v_3)$	$\{sign(v_1, v_2) / v_3\}$.□
$verify(v_1, v_2, v_3)$	$\{verify(v_1, v_2) / v_3\}$.□
$blsignreq(v_1, v_2)$	$\{blsign(v_1) / v_2\}$.□
$blverify(v_1, v_2, v_3)$	$\{blverify(v_1, v_2) / v_3\}$.□
$blind(v_1, v_2, v_3)$	$vN.\{N / v_2\}.\{blind(v_1, N)\}$.□
$unblind(v_1, v_2, v_3, v_4)$	$\{unblind(v_1, v_2) / v_3\}$.□
$ZK_{i,j}(v_1, v_2, v_3, v_4)$	$\{ZK_{i,j}(v_2, v_3) / v_4\}$.□
$Public_k(v_1, v_2)$	$\{Public_k(v_1) / v_2\}$.□
$Formula(v_1, v_2)$	$\{Formula(v_1) / v_2\}$.□
$ZKVeriry_{i,j}(v_1, v_2, v_3)$	$\{ZKVeriry_{i,j}(v_1, v_2) / v_3\}$.□
$pair(v_1, v_2, v_3)$	$\{pair(v_1, v_2) / v_3\}$.□
$fst(v_1, v_2)$	$\{fst(v_1) / v_2\}$.□
$snd(v_1, v_2)$	$\{snd(v_1) / v_2\}$.□
$finish(v)$	$\{finish(v)\}$.□

5.4.4 映射引理

一个程序在不同的运行环境中运行，其运行方式不一样，则其产生的效果也不一定一致。在协议分析中，最常见的是从协议运行中产生的事件去分析和推导它所具有的安全性。为了保证能使用 UCSA 框架去分析协议在 UC 框架中分析的性质，这就要求协议在 UC 框架中运行可能产生的事件在 UCSA 框架中执行协议也会产生。这就保证利用 UCSA 框架分析对 UC 框架下分析的属性具有可靠性。Canetti 在文献[2]中提出了一个重要的映射定理，证明协议在 UC 框架中执行轨迹能以高概率转换为 UCSA 框架中的有效执行轨迹。依循 Canetti 的思路，我们也研究在我们给出的形式化分析中，协议在 UC 框架中的执行轨迹能映射为一个有效的形式化符号执行轨迹。

定义 5.12（UC 协议的执行轨迹） 令 ρ 为 F-混杂协议，给定环境 Z 及输入 z、攻击者 A、随机输入串 $\vec{r}$ 和安全参数 k，协议执行轨迹 $Trace_{\rho,A,Z}(k,z,\vec{r})$ 递归定义如下：

假设当前协议的执行轨迹为 t，协议执行下一动作之后，产生了事件 E，执行轨迹变为 $t\|E$。只需对协议执行中可能发生动作产生的事件做规定，便可以完成对 $Trace_{\rho,A,Z}(k,z,\vec{r})$ 的定义。一个动作可能产生一个事件，或者不产生事件。在有敌手参与的协议的 UC 执行中，用来描述协议运行的交互式图灵机 ITM 可能执行协议中参与者的操作，也可能执行敌手的操作。下面我们将前面分析的协议参与者和攻击者可能发出的动作及相应的事件总结在表 5-8 中。

表 5-8　动作与产生事件对应

动　作	事　件
环境用 SID,PID 等进行协议初始化	$[initialize,\ (SID,PID),\ <\text{"name"},SID,PID_0>\ldots]$
环境向参与者 PID 输入消息	$[\text{input},PID,m]$
攻击者向参与者 PID 发送消息 m	$[\text{adv},PID,m]$
参与者发送消息 m	$[\text{message},PID,m]$
参与者 PID 通过认证通道给参与者 PID_0 发送消息 m	$[\text{message-auth},<PID,PID_0>,m]$
参与者 PID 输出消息 m	$[\text{output},PID,m]$
用消息 $(\text{aencrypt},<SID,PID>,m)$ 调用 F_{CPKE}，且收到密文 c（$c\neq\perp$）	$[\text{aencrypt},<SID,PID>,m,c]$
用消息 $(\text{aencrypt},<SID,PID>,c)$ 调用 F_{CPKE}，且收到明文 m（$m\neq\perp$）	$[\text{aencrypt},<SID,PID>,c,m]$
用消息 $(\text{sign},<SID,PID>,m)$ 调用 F_{SIGN}，且收到签名 σ（$\sigma\neq\perp$）	$[\text{sign},<SID,PID>,m,\sigma]$
用消息 $(\text{verify},<SID,PID>,\sigma)$ 调用 F_{SIGN}，且收到签名 m（$m\neq\perp$）	$[\text{verify},<SID,PID>,\sigma,m]$
用消息 $(\text{blsign},<SID,PID>,m)$ 调用 F_{blSIGN}，且收到签名 σ（$\sigma\neq\perp$）	$[\text{blsign},<SID,PID>,m,\sigma]$
用消息 $(\text{Blveriy},<SID,PID>,m,\sigma)$ 调用 F_{blSIGN}，收到布尔值 b；	$[\text{blverify},<SID,PID>,m,\sigma,b]$
如果用消息 $(\text{ZK},\tilde{\text{M}},\tilde{\text{N}})$ 调用 F_{ZK}，收到零知识证明语句 m_{ZK} m_{ZK}	$[\text{zk},<\tilde{\text{M}},\tilde{\text{N}}>,m_{\text{zk}}]$
如果用消息 $(\text{ZKverify},f,m_{\text{zk}})$ 调用 F_{ZK}，收到布尔值 b	$[\text{zkverify},f,m_{\text{zk}},b]$

定义 5.13（协议执行轨迹映射）令 p 为 F-混杂模式协议，给定环境 Z 及输入 z、攻击者 A、随机输入串 $\vec{r}$ 和安全参数 k。假设 $t\in \text{Trace}_{\rho,A,Z}(k,z,\vec{r})$，则 t 对应的形式化符号执行序列 $\text{symb}(t)$ 通过两个阶段映射生成：

第一阶段:

定义函数 $f:brings \to data$,将 UC 执行中的二进制串数据转换为形式化模型中的符号消息项。通过对上面定义的二进制串数据类别归纳，利用递归方式， f 的定义如下：

参与者 PID : 对于所有的参与者 PID ，如果 $f(<pid,PID,SID>)$ 没有定义，则从 C（参与者符号名集合）中选取没有用过的符号 P，让 $f(<pid,PID,SID>)=P$；

加密公钥：让 $f(<\text{pubkey},PID,SID>)=PK_{f(<pid,PID,SID>)}$；

解密私钥：让 $f(<\text{prvkey},PID,SID>)=PK^{-1}_{f(<pid,PID,SID>)}$；

标准签名密钥：让 $f(<\text{signkey},PID,SID>)=SigK_{f(<pid,PID,SID>)}$；

标准签名验证密钥：让 $f(<\text{verifykey},PID,SID>)=VerK_{f(<pid,PID,SID>)}$；

盲签名密钥：让 $f(<\text{blsignkey},PID,SID>)=BLSigK_{f(<pid,PID,SID>)}$；

盲签名验证密钥：让 $f(<\text{blverfykey},PID,SID>)=BLVerK_{f(<pid,PID,SID>)}$；

$f(<bool,0>)$=0， $f(<bool,1>)$=1；

$f(<\text{random},r>)=N$， N是没有用过的随机数符号名；

$f(<\text{pair},\sigma_1,\sigma_2>)=\text{pair}(f(\sigma_1),f(\sigma_2))$；

对于串 $<\text{ciphertext},<PID,SID>,m,c>$，

定义 $f(\text{ciphertext},c)=\text{aenc}(f(m),f(\text{pubkey},<PID,SID>))$；

对于串 $<\text{adec},<PID,SID>,c,m>$， 如果 $f(\text{ciphertext},c)$ 没有定义，则定义 $f(\text{ciphertext},\sigma)=\text{aenc}(f(m),f(\text{pubkey},<PID,SID>))$；

对应串 $<\text{sign},<SID,PID>,m,\sigma>$，

定义 $f(<\text{signature},\sigma>)=\text{sign}(f(m),f(<\text{signkey},PID,SID>))$；

对应串 $<\text{verify},<SID,PID>,\sigma,m,1>$，如果 $f(<\text{signature},\sigma>)$ 没有定义，则定义 $f(<\text{signature},\sigma>)=\text{sign}(f(m),f(<\text{signkey},PID,SID>))$；

对应串 $<\text{blsign},<SID,PID>,m,\sigma>$，

定义 $f(<\text{blsignature},\sigma>)=\text{blsign}(f(m),f(<\text{blsignkey},PID,SID>))$；

对应串 $<\text{blverify},<SID,PID>,m,\sigma,1>$，如果 $f(<\text{blsignature},\sigma>)$ 没有定义，则定义 $f(<\text{blsignature},\sigma>)=\text{blsign}(f(m),f(<\text{blsignkey},PID,SID>))$；

对应串 $[\text{zk},<\tilde{\text{M}},\tilde{\text{N}}>,m_{\text{zk}}]$，定义 $f(<\text{zk},m_{\text{zk}}>)=\text{zk}(f(\tilde{M}),f(\tilde{N}))$；

对应串 $[\text{zkverify},f,m_{\text{zk}},b]$，如果 $f(<\text{zk},m_{\text{zk}}>)$ 没有定义，则定义 $f(<\text{zk},m_{\text{zk}}>)=\text{zk}(f(\tilde{M}),f(\tilde{N}))$。

第二阶段：

对协议 p，令 $t\triangleq E_1\|E_2\|\cdots\|E_n$ 为 ρ 在 UC 框架中协议执行轨迹，$symb(t)\triangleq H_1\|H_2\|\cdots\|H_n$ 为 ρ 在形式化模型中的执行轨迹。其中 H_i 由 E_i 映射产生，具体过程如表 5-9 所示。

表 5-9　实际协议执行事件与符号协议执行事件对应

E_i	H_i
$[[initialize,\ (PID,SID),\ <\text{"name"},SID,PID_0>\ldots]$	$[[\text{"}initialize\text{"},\ ,\ f(\text{"name"},<SID,PID>),\ f(\text{"name"},<SID,PID_0>)\ldots]$
$[\text{input},PID,m]$	$[\text{input},f(\text{"name"},<SID,PID>),f(m)]$
$[\text{adv},PID,m]$	如果由先前的敌手事件 $H_{i,1}H_{i,2}\cdots H_{i,n}$ 能推出 $f(m)$，则对应事件为 $H_{i,1}H_{i,2}\cdots H_{i,n}$；否则为 $H_{i,1}H_{i,2}\cdots H_{i,n}$
$[\text{message},PID,m]$	$[\text{imessage},f(\text{"name"},<SID,PID>),f(m)]$
$[\text{message-auth},<PID,PID_0>,m]$	$[\text{message-auth},f(\text{"name"},<SID,PID>),f(\text{"name"},<SID,PID_0>),f(m)]$
$[\text{output},PID,m]$	$[\text{output},f(\text{"name"},<SID,PID>),f(m)]$
$[\text{aencrypt},<SID,PID>,m,c]$	$[f(\text{ciphertext},c)]$
$[\text{adecrypt},<SID,PID>,c,m]$	$[\text{adec}(f(\text{ciphertext},c),f(<\text{verifykey},PID,SID>)]$

续表

[sign, $<SID, PID>$, m, σ]	[f(signature, σ)]
[verify, $<SID, PID>$, σ, m]	[verify(f(signature, σ), f(< verifykey, PID, SID >)]
[blsign, $<SID, PID>$, m, σ]	[f(blsignature, σ)]
[blverify, $<SID, PID>$, m, σ, b]	[blverify(f(blsignature, σ), f(< blverifykey, PID, SID >)]
[zk, $<\tilde{M}, \tilde{N}>$, m_{zk}]	[f(zk, m_{zk})]
[zkverify, f, m_{zk}, b]	zkverify,[formula(f(< zk, m_{zk} >)), f(< zk, m_{zk} >)]

引理 5.1（映射引理）对于协议 ρ，在攻击者 A、带输入 z 的环境 Z 和安全参数 k 下，协议 ρ 在 UC 框架下执行的轨迹集合为 $Trace_{\rho,A,Z}(k,z)$，协议 ρ 的形式化符号协议的所有有效执行轨迹集合为 T，则下式成立：

$$\Pr(\text{symb}(t) \notin T \mid t \in \text{Trace}_{\rho,A,Z}(k,z) | \leqslant \text{neg}(k)$$

证明：假设 t 是协议 ρ 在攻击者 A、带输入 z 的环境 Z 和安全参数 k 下的一个执行轨迹，通过上述的转换方法得到的 symb(t)。引理的证明包含如下两方面：

（1）symb(t) 包含事件 [$fail$, m] 的概率可以忽略不计。

（2）对于不包含事件 [$fail$, m] 的 symb(t)，ρ 的符合协议能有效地根据 symb(t) 运行。

首先证明 symb(t) 包含事件 [$fail$, m] 的概率可以忽略不计。

假设在事件 [$fail$, m] 之前，攻击者拥有的消息集合为 ω。设 $CL(\omega)$ 为上面定义的攻击者能力下对消息集合 ω 操作可获得的所有消息闭包。由事件 [$fail$, m] 的定义，可知 $m \notin CL(\omega)$。在 APi 演算中，消息项

m 有唯一的语法生成树。语法生成树的子节点对应生成消息项 m 的子项。如果它的直接子项都包含在 CL(ω) 中，那么 m 也在 CL(ω) 中，与假设矛盾。因此，m 的直接子项中，至少有一项不在 CL(ω) 中。利用递归方法，可以定义一条从根节点（m）到叶子节点（m_l）的路径，在这条路径上，每个节点对应的消息项都不在 CL(ω) 中。

由于在 symb(t) 中包含了消息 [fail, m]，根据执行轨迹的映射定义，在 t 执行轨迹上，一定有敌手产生了一个消息串 m，使得 $f(m)=m$。假定这个敌手为 A_1。另外，假定有一个敌手 A_2 产生了消息串 m_*，$f(m_*)=m_*$，且 m_* 是 m 到 m_l 路径上的下列消息之一：

如果路径上有形如 $enc(m',K)$ 的加密消息，且不在 CL(ω) 中，那可能是如下情况之一：

CL(ω) 中某个密文项的子加密项；

CL(ω) 中的签名的被签名项；

CL(ω) 中 m_{ZK} 项中保密消息项中的项。

如果包含那样的消息，则 m_* 首先是它；如果没有那样的项，则 $m_*=m$。

假设 A_2 模拟 A_1 的方式产生 m，并根据 m 的生成树，利用递归的方式，使用下面的拆分方式从 m 走到 m_*：

（1）如果当前消息为 $<"pair",\sigma_1,\sigma_2>$，将它拆分为 σ_1 和 σ_2，根据对应的 pair(m_1,m_2) 中在路径上的子项 m_i（$(i\in\{1,2\})$），决定下一步的操作对象为 σ_i，进行下一步。

（2）如果当前消息为 $<\text{"ciphertext"},c>$，必须对 c 进行解密，才能继续往下走。如果 c 是 CL(ω) 中某项密文的子密文，则不用解密，不需要往下走，直接令 $c=m_*$；否则，如果已经保存有明文密文对 $<m_c,c>$，则取 m_c 为下一步的操作对象，进行下一步；如果没有那样的对，A_2 调用它的解密算法 D，求得 $D(c)=m_c$，取 m_c，进行下一步。

（3）如果当前消息为$<\text{"signature"},\sigma>$，必须能重构出$\sigma$，才能继续往下走。如果保存有签名构造对$<m_{\sigma},k,\sigma>$，则根据$f(m_1)$与$f(k)$谁在路径上，选择下一步操作对象，进行下一步；如果没有那样的构造对，A_2调用它的签名算法D（σ），求得D（σ）$=<k,\sigma>$，用同样的方式选择下一对象，进行下一步。

（4）盲签名的情况与标准签名一样，唯一的区别是可能选取的对象是盲文。对盲文的操作和对密文操作一样。

（5）零知识证明消息的选取在秘密项上，之后和处理密文一样处理。

通过上面A_2从消息m到m_*的处理过程，可以看出敌手产生的且被映射为符号消息并不在CL(ω)中的消息只有两种基本情况：

（1）不在敌手知识内的原子项，如协议运行中未被攻破的参与者的解密密钥、签名密钥、盲签名密钥以及它生成的随机数等；

（2）$\xleftarrow{\{m\}_{kS_i}}$不知加密内容的密文。

上述基本数据项和密文，根据随机数的产生和F_{CPKE}产生密文的情况，攻击者唯一使用的方式是猜测，而在安全参数k，即样本空间为2^k下，能成功猜对那样的二进制串的概率是2^{-k}。因此，可以得到[fail,m]发送的概率是2^{-k}，它可以忽略。

剩下证明如果 symb（t）不包含事件[fail,m]，则ρ的符号协议能有效地根据symb（t）运行。

由于 symb（t）中不包含事件[fail,m]，则所有事件的产生都在形式化模型中抽象的敌手能力中。另外，由于协议参与者在UC框架中的执行命令和形式模型中的操作都来自由前面定义的程序语言，并且它们产生的具体事件已经有详细的定义，可以看出它们是一致的，因此一定能构造出合法的攻击者进程 $\mathcal{P}_{adv}$，在它的参与下，协议的运行轨迹为 symb（t）。

5.5 基于零知识证明构造的匿名签名协议分析

5.5.1 利用零知识证明构造的匿名签名协议及协议程序

数字签名在网络时代的大量电子信息交互中发挥着重要的作用，它可以实现电子信息的消息源可靠性和消息完成性验证。随着数字签名应用领域的深入，又增加了匿名性要求，即要求签名者的身份真实，但不能泄露。如电子投票、电子投标等应用便有这方面的需求。目前具体的匿名签名实现方案和要求有很多，这里为了说明上述方法的有效性，考虑一种由非交互零知识证明实现的匿名签名方案，并且只考虑签名中的匿名性安全任务的实现。

匿名签名安全问题描述：授权中心由 n 个代表组成 $\{S_1,S_2,\cdots,S_n\}$，A 与 B 之间发送文件 m 时，需要授权中心代表审核签名，接收者能验证文件是否被授权中心代表审核签名，但不知道是由哪位代表审核签名。

协议实现过程如图 5-3 所示。

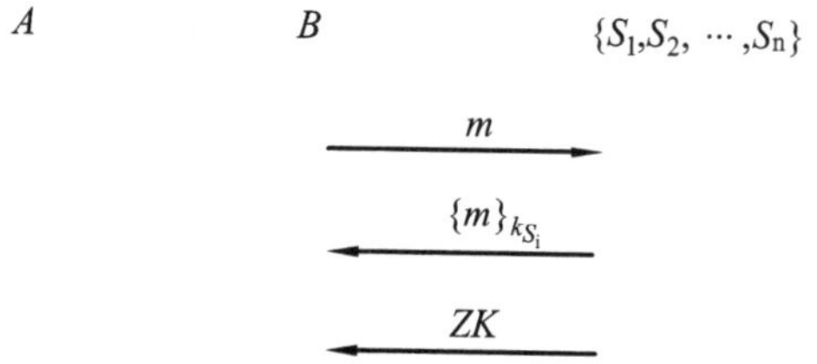

图 5-3 简单协议交互示意图

协议中需要注意两点：

（1）文件签名代表随机分配。授权中心产生一个随机数 r，并令 $i=(r \bmod en)+1$，从而选中 S_i；

（2）B 向 A 发送用零知识证明语句构造的消息。B 不能直接将文件签名发给 A，这会使得 A 在验证文件的签名时能知道签名的授权代表。用我们上述介绍的零知识证明抽象语句时，需要考虑语句中应该包含哪些消息项，哪些消息项需要保密，哪些消息项需要公开，另外就是 $(i,j)-F$ 公式的构造。这里，总共的消息项有文件、文件签名和授权中心所有代表的公钥，其中需要保密的有文件签名和签名者的公钥，公开项有文件和所有代表的公钥，其中签名者的公钥也在里面。协议的 $(i,j)-F$ 公式为 $(\bigvee_{i=1,n} \alpha_2=\beta_i) \wedge ver(\alpha_1,\beta_{n+1},\alpha_2)$。

使用前文中定义的程序语言，协议程序可描述如下：

Π_A：

{

Initialize(sid, pid-A, receiver, pid-B, sender, pid-s, $\widetilde{pid-s_{1,n}}$, server);

receive (x);

if $\bigwedge_{i=1,n}(public_i(x)==pid-s_i) \wedge ver$ (formula(x),x)==1

output (ok);

else

output (bad);

done;

}

Π_B：

{

Initialize(sid, pid-B, sender, pid-A, reciever, pid-s, $\widetilde{pid-s_{1,n}}$,

```
server );
    pair ( pid-B, m, vl );
    aenc ( vl, pid-s, v2 );
    send ( v2 );
    receive ( y );
    adec ( y, pk ( sid-s ), v3 );
    separate ( v3, v4, v5 );
    if ver ( m, v4, v5 ) =1
    send ( zk ( v4, v5 );
    output ( ok )
    else
    output ( bad );
    done;
    }
```

Π_s :

```
    {
    Initialize ( sid, pid-s, 
```
$\widetilde{pid-s_{1,n}}$
```
    server, pid-B, sender );
    receive ( x );
    adec ( x, pk ( pid-B ), y );
    separate ( y, v1, v2 );
    r=random ( ) mod n;
    sign ( v2, sigK ( r ), v3 );
    pair ( v3, verifK ( r ), v4 );
    aenc ( v4, pk ( pid-B ), v5 );
    send ( v5 );
```

```
output ( ok );
done;
}
```

5.5.2 匿名签名理想函数

匿名签名理想函数的描述如图 5-4 所示。

$\mathcal{F}_{ANON-SIGN}()$
在安全参数 k 下，与参与者 $P_1,\cdots,P_m$ 和攻击仿真者 $\mathcal{S}$ 交互，具体进程如下：
（1）初始时，向所有参与者和敌手发送消息（signers，$1,\cdots,n$），进入等待状态。 （2）当从 P_j 收到消息（anon-sign，id，P_j，m）（其中 $j\in\{1,\cdots,m\}$）时，选择值 $j\xleftarrow{R}\{1,\cdots,n\}$ 和 $m_\sigma\xleftarrow{R}\{0,1\}^k$，记下消息（signature，$id$，$i$，$m$，$m_\sigma$）。并发送消息（signature，$id$，$i$，$m$，$m_\sigma$）给 P_j 和消息（signature，id，m，m_σ）给 $\mathcal{S}$。 （3）当从 P_k 或 $\mathcal{S}$ 收到消息（verify，id，m，m_σ）（其中 $k\in\{1,\cdots,m\}$）时，如果已有消息（signature，id，i，m，m_σ），则返回 ture，否则返回 false。

图 5-4　匿名签名理想函数

此处定义的匿名签名函数由第 2 章中定义的标准数据签名函数演变而来。函数首先向所有参与者和敌手发送消息（signers，$1,\cdots,n$）表明签名者有 n 个，而在标准签名函数中，把唯一确定的签名者身份告诉给所有的参与者和敌手。匿名签名中对签名消息增加一个从 $\{1,\cdots,n\}$ 随机选取的数，表明它是 n 个签名者中随机选取一个签名者。给消息签名申请者和敌手发送不同的消息，表明签名申请者知道签名者的身份、消息的签名，敌手不知道消息和消息的签名，体现了上述匿名签名安全要求。

消息签名的验证和标准数字签名函数一样，是一个公开操作，谁都能进行验证。

5.5.3 形式化分析

在形式化描述协议中，可以将上面协议参与者对应的程序用 APi 演算进程 $\mathcal{P}_A$、$\mathcal{P}_B$ 和 $\mathcal{P}_S$ 描述，$\mathcal{P}_S$ 中有 n 个平行运行的 $\mathcal{P}_{S_i}$。具体定义如下：

$\mathcal{P}_A \triangleq a(x).if\ Con1\ then\ \overline{b}(1)\ else\ \overline{b}(0)$；

$\mathcal{P}_B \triangleq \overline{a}(pM)a(x).if\ Con2\ then\ \overline{c}(zk).\overline{b}(1)\ else\ \overline{b}(0)$；

$\mathcal{P}_S \triangleq vk.a(zk).\mathrm{mod}\,e(n,k).(\mathcal{P}_{S_1} \mid \cdots \mid \mathcal{P}_{S_n})$；

$\mathcal{P}_{S_i} \triangleq if\ i = \mathrm{mod}(k,n)\ then\ \overline{a}(pair(aenc(snd(zk), sk(PK_{S_i})),$

$pk(PK_{S_i}))eles\ 0$

$Con1 \triangleq \bigwedge_{i=1,n}(public_i(x) == pid\text{-}s_i) \wedge ver(formula(x), x) == 1$；

$Con2 \triangleq ver(fst(x), pM, snd(x))$。

不考虑环境和攻击者的协议运行可以用进程 $\mathcal{P}_{Prot}$ 描述为

$\mathcal{P}_{Prot} \triangleq vk_A.vk_B.vk_S.vk_{S_1}.\cdots vk_{S_n}.\overline{a} < pk(k_A) > .\overline{a} < pk(k_B) > .$

$\overline{a} < pk(k_S) > .\overline{a} < pk(k_{S_1}) > .$

$\cdots.\ \overline{a} < pk(k_{S_n}) > .(\mathcal{P}_A \mid \mathcal{P}_B \mid \mathcal{P}_S)$

协议实际运行中，包括攻击者，证书公钥加密理想函数 F_{CPKE} 和零知识理想函数 F_{ZK}，对它们的运行分别描述为进程 $\mathcal{P}_{adv}$、$\mathcal{P}_{zK}^I$ 和 P_{CPKE}^I，整个协议的实际运行可以用进程 $\mathcal{P}_{\mathrm{Pr}\,o_{anon-sign}}$ 描述：

$\mathcal{P}_{\mathrm{Pr}\,o_{anon-sign}} \triangleq vV_{adv}.(vk_A.vk_B.vk_S.vk_{S_1}.\cdots.vk_{S_n}.\overline{a} < pk(k_A) >$

$\overline{a} < pk(k_B) > .\overline{a} < pk(k_S) > .$

$\overline{a} < pk(k_{S_1}) > . \cdots . \overline{a} < pk(k_{S_n}) > . \mathcal{P}_A \mid \mathcal{P}_B \mid \mathcal{P}_S \mid \mathcal{P}_{zE}^I \mid \mathcal{P}_{CPKE}^I) \mid \mathcal{P}_{adv})$

安全问题的判断标准，在进程演算中可以用定义 5.3 中进程观察等价给出。直观上说，如果授权中心代表 S_i 和 S_j（ $i, j \in \{1, \cdots, n\}$ ）对同一个文件进行签名，i 和 j 可以相同，也可不同，攻击者不能识别出每次签名的签名者身份，也不能识别出两次签名是同一个签名者对同一文件签名了两次还是不同的签名者各签了一次。S_i 和 S_j 对文件进行签名的实际协议运行进程定义如下：

$\mathcal{P}_{anon-sign(S_i)} \triangleq \nu V_{adv}.(\nu k_A.\nu k_B.\nu k_S.\nu k_{S_1}. \cdots \nu k_{S_n}.\overline{a} < pk(k_A) >$

$\overline{a} < pk(k_B) > . \overline{a} < pk(k_s) > .$

$\overline{a} < pk(k_{S_1}) > . \cdots .$

$\overline{a} < pk(k_{S_n}) > .(\{i / k\} \mid \mathcal{P}_A \mid \mathcal{P}_B \mid \mathcal{P}_S \mid \mathcal{P}_{zK}^I \mid \mathcal{P}_{CPKE}^I) \mid \mathcal{P}_{adv})$

$\mathcal{P}_{anon-sign(S_i)} \triangleq \nu V_{adv}.(\nu k_A.\nu k_B.\nu k_A.\nu k_{S_1}. \cdots \nu k_{S_n}.\overline{a} < pk(k_A) >$

$\overline{a} < pk(k_B) > . \overline{a} < pk(k_S) > .$

$\overline{a} < pk(k_{S_1}) > . \cdots .$

$\overline{a} < pk(k_{S_n}) > .(\{j / k\} \mid \mathcal{P}_A \mid \mathcal{P}_B \mid \mathcal{P}_S \mid \mathcal{P}_{zK}^I \mid \mathcal{P}_{CPKE}^I) \mid \mathcal{P}_{adv})$

定义 5.14（匿名签名的形式化判断准则） $\mathcal{P}_{\mathrm{Pr}o_{anon-sign}}$ 形式化描述的协议能安全地实现匿名签名的形式化判断条件为 $\mathcal{P}_{anon-sign(S_i)} \approx_R \mathcal{P}_{anon-sign(S_j)}$。

5.5.4 可靠性与完备性证明

定理 5.1（可靠性与完备性定理） 令 ρ 为匿名签名协议，ρ UC 安全实现理想函数 $F_{ANON-SIGN}()$ 当且仅当 $symb(\rho)$ 满足匿名签名的形式化判断准则。

证明：首先证明可靠性，即如果协议 ρ UC 安全实现理想函数 $\mathcal{F}_{ANON-SIGN}()$，则 $symb(\rho)$ 满足匿名签名的形式化判断准则。

假设 $symb(\rho)$ 不满足匿名签名的形式化判断准则，则存在攻击策略，有对应的攻击者进程 $\mathcal{P}_{adv}$，能使 $\mathcal{P}_{anon-sign(S_i)} \approx_R \mathcal{P}_{anon-sign(S_j)}$ 不成立。我们根据攻击者策略，可以构造一个攻击者 $\mathcal{A}$ 和环境 $\mathcal{Z}$，它能区别协议 ρ 中的两个不同参与者对同一文件的加密。但在由理想函数 $\mathcal{F}_{ANON-SIGN}()$ 组成的理想协议中，攻击仿真者 $\mathcal{S}$ 不能模仿这个攻击者 $\mathcal{A}$ 的能力，即它不能知道理想函数 $\mathcal{F}_{ANON-SIGN}()$ 两次签名文件时产生的随机数。这与条件协议 ρ UC 安全实现理想函数 $\mathcal{F}_{ANON-SIGN}()$ 矛盾。所以假设不成立，$symb(\rho)$ 满足匿名签名的形式化判断准则，可靠性得证。

下面证明完备性，如果 $symb(\rho)$ 满足匿名签名的形式化判断准则，则协议 ρ UC 安全实现理想函数 $\mathcal{F}_{ANON-SIGN}()$。假设存在敌手 $\mathcal{A}$，它能使环境 $\mathcal{Z}$ 以不可忽略的概率区分它是在与 $\mathcal{A}$ 和 ρ 的实际协议执行交互还是与 $\mathcal{S}$ 和 $\mathcal{F}_{ANON-SIGN}()$ 的理想协议执行交互。而这种事件发生只有两种情况：签名者的身份在授权中心 S 给参与者 B 发送消息签名时泄露；在进行零知识证明验证时，保密性信息被泄露。根据映射引理，协议的 UC 执行事件能以高概率映射到形式化符号执行事件中，则上面的事件能被映射到 $symb(\rho)$ 的执行轨迹上。显然包含那样事件的符号协议执行进程不满足匿名签名判断准则，故假设不成立，完备性得证。

综上所述，定理得证。

5.5.5 实验描述

ProVerif[93]是一个适用性强的安全协议自动验证工具，它包含的密码原语操作有对称和非对称加密、标准数据签名、哈希函数、位承诺以及非交互式零知识证明等，能用于大部的协议分析。提供的安全属性判断有一致性、通信断言和观察等价等，可以用去验证保密性、认证、匿名通信等重要安全属性。最近，其也被研究者用去验证一些新出现的安全属性，如隐私、可追溯性、可证明性等等。

ProVerif 代码包括两个部分：头部和进程描述。头部主要是声明，如变量、函数、事件等，也包含一些安全目标的定义。进程描述采用大家熟悉的宏定义方式，通过它对各个参与者进行进程描述，最后是整个协议的运行描述，其中用定义的宏名简化了整个协议运行描述。下面是上述协议的 ProVerif 主要代码：

```
free          pub, A, B.
private       free    priv, s1, s2, s3.
define        zkformula=land ( or ( or ( eq ( α2, β1 ), eq ( α2, β2 )),
eq ( α2, β3 )), sigver ( α1, β4, α2 ) .
let             server = in ( priv, x ); out ( priv, sign ( x, sk ( s )) .
let             B = in ( priv, sig ); if sigver ( sig, m, pk ( s )) = true then
out ( pub, zk ( sig, pk ( s ); pk ( s1 ),
                pk ( s2 ) , pk ( s3 ) , m; zkp roof ))) .
let   A=in ( pub, zkp ); if zkver ( 2; 4; zkformula; zkp ) = true then
        if public1 ( zkp ) = pk ( s1 ) then
        if public2 ( zkp ) = pk ( s1 ) then
        if public3 ( zkp ) = pk ( s3 ) then
        if public4 ( zkp ) = m          then
        put ( ok ) .
process
```

out（pub, pk（s1））|out（pub, pk（s2））|out（pub, pk（s3））|

（let s=s1 in server）|

（let s =s2 in server）|

（let s =s3 in server）|

（let s =s1 in B）| A

定义安全标准判断的等价进程：

Process

（let s=choice[s1, s2] in server）|

（let s=choice[s1, s2] in B）| A

由于此处主要是说明以零知识证明协议为子协议的协议 UC 符号化验证方法，所以并未选择特别难的实例。上述 ProVeri 代码在工具上运行，仅需 2 s 便可得出结果，实验结果证明协议满足本文所提出的判断标准，从而可以判断协议 UC 安全实现理想函数 $\mathcal{F}_{ANON-SIGN}()$。

本章小结

本章详细介绍了 Canetti 的 UCSA 框架扩展，使它能形式化地分析由零知识证明协议为基件组成的协议。首先研究了 UCSA 框架的结构和主要元素。新扩展的框架采用 APi 演算进程描述，能容易描述分析各种密码协议。定义相关的协议程序语言，将协议程序的语义用 UC 框架中的交互式图灵机的执行描述解释，也能用形式化描述的 APi 进程执行描述解释。对两种执行，定义了它们之间的映射引理，证明了扩展后的 UCSA 框架中形式化描述的协议形式化执行和 UC 框架中协议的执行具有高概率一一对应关系。最后，针对由零知识证明协议为基件设计的匿名签名协议，刻画了这一安全任务的理想函数和形式化判断标准，得出定理：一个协议 UC 安全实现匿名签名理想函数当且仅当对应的形式化协议执行能满足判断标准。最后，利用 ProVeri 工具，自动化地验证形式化判断标准。

第 6 章

总结与展望

协议通常可由许多较小的协议复合而成，但其安全性却不能简单地由各个较小协议的安全性自然地得到。原因在于敌手可将不同协议运行或同一协议不同运行中的消息相互交叉使用，从而对协议的安全性构成威胁。这是密码协议分析中最困难，也是对密码协议最容易构造出攻击之处，并不易被发现。针对这种问题，Canetti 提出了通用可组合安全属性。满足这个安全属性的协议，在孤立环境中，单个协议运行实例能安全完成的任务，在任何环境（即便出现的环境从来没有考虑过、预料到过）、任何其他协议甚至带恶意目的协议同时存在的情况下，单个协议的运行实例也能够安全地实现相同的安全任务。ZK 协议常常被用作密码协议设计中的子协议，通过它，能构造出各种有效的密码协议。要求设计的 ZK 协议满足 UC 安全性（设计 UCZK 协议），发挥 ZK 协议真正应用价值。因此，本书以 UC 安全属性为主要对象，致力于研究 UCZK 协议及其对它的形式化甚至自动化分析验证，做了一系列相关的工作。

6.1 主要工作

（1）研究 UC 模型的可描述性。在 UC 模型中，对于利用 UC 模型分析密码协议的安全性，主要是利用协议仿真严格证明协议能否安全实现某一安全任务。为了便于描述和理解这一证明过程，文中对代表攻击者和攻击仿真者的交互式图灵机增加仿真交互带，定义协议执行输出和环境输出，在所做的工作基础之上，重新描述了真实协议和理想协议执行过程，利用新的 UC 模型完成一系列的命题证明。

（2）提出 UC 模型中协议模块化的设计与分析方法。UC 模型最大优点是能实现协议的模块化设计与分析，文中提出具体的模块化设计与分析方法，并通过它们设计出 UC 双向认证协议和分析了 Needham-Schroeder 协议的 UC 安全性。

（3）研究通用可组合零知识证明（UCZK）协议。UCZK 协议的实现可归约到通用可组合不经意传输（UCOT）协议的实现。文中从 UCOT 协议的实现开始，介绍了 UCZK 协议的实现过程及方法，从而也证明了在基于公共参考串的模型中，实现 UCZK 协议的可行性。

（4）针对各种零知识证明问题设计 UCZK 协议具有重要的应用价值，文中设计出离散对数 UCZK 协议和 Guillou-Quisquater 身份认证 UCZK 协议，并证明它们能 UC 安全实现相应的零知识证明理想函数。

（5）基于零知识证明通用可组合形式化分析（UCSA）模型的扩展。Canetti 采用 D-Y 符号描述的 UCSA 模型只包含非对称密码体系抽象操作，能描述的协议、协议安全性和支持自动化验证工具有限。为此，文中利用 APi 演算描述 UCSA 模型，增加零知识证明系统的密码抽象操作和等式系统，扩展后的 UCSA 框架能分析包含零知识证明操作的更多协议的 UC 安全属性。

（6）利用扩展后的 UCSA 框架，形式化分析了匿名签名协议的 UC 安全属性。首先定义匿名签名安全任务的理想函数和符号化判断标准，并证明它们的可靠性和完备性。然后，利用工具 ProVeri 自动化验证基于零知识证明协议构成的匿名签名协议的 UC 匿名签名。

6.2 展望

本书虽已完成，但尚存在若干有待于进一步完善、解决的问题。

（1）大部分 UC 协议都只有在公共参考串假设存在的情况下，才能安全实现。而 UC 框架没有明确考虑公共参考串，下一步准备将它明显地引入，考虑 GUC 框架下的各种安全定义和安全实现。

（2）在大部分协议的设计中，会用到承诺和零知识证明协议作为基件，下一步准备研究 UCSA 框架下这两种协议的抽象描述和形式化分析。

（3）进一步研究 UCZK 协议的安全问题，如不可认证性、不可扩展性、并发性以及模拟可靠性等安全属性。

（4）研究更多密码协议的 UC 组合和 UCSA 框架的形式分析。

本书的结束并不意味着研究的结束，大量的研究工作还需要艰苦的努力和不断的进取精神。我们将在今后的工作中，继续在现有的基础上努力，以期获得较好的结果。

参考文献

[1] CANETTI R. Universally composable security: A new paradigm for cryptographic protocols. In 42th IEEE Symposium on Foundations of Computers Science, 2001: 136-145.

[2] CANETTI R, HERZOG J. Universally composable symbolic security analysis. Journal of Cryptology, 2011, 24(1): 83-147.

[3] 薛锐，雷新峰. 安全协议：信息安全保障的灵魂[J]. 中国科学院院刊，2011，26（3）：287-296.

[4] YAO A. Protocols for Secure Computation. In Proc. 23rd Annual Symp. On Foundations of Computer Science, IEEE, 1982: 160-164.

[5] YAO A. How to generate and exchange secrets. In Proc. 27th Annual Symp. On Foundations of Computer Science, IEEE, 1986: 162-167.

[6] GOLDREICH O, MICALI S, WIGDERSON A. How to Play any Mental Game. 19th STOC, 1989: 218-229.

[7] FIAT A, SHAMIR A. How to prove yourself: Practical solutions to identification and signature problems. In Advances in Cryptology-Crypto'86, volume 263 of Lecture Notes in Computer Science, Springer-Verlag, 1987: 86-194.

[8] BELLARE M, ROGAWAY P. Entity Authentication and Key Distribution. Advances in Cryptography, CRYPTO'93, 1994, LNCS 773: 232-249.

[9] BELLARE M, ROGAWAY P. Random oracles are practical: A paradigm for designing efficient protocols. In: Denning D. Ed. ACM Cone on Computer and Communications Security. New York: ACM Press, 1993: 62-73.

[10] BELLARE M, CANETTI R, KRAWCZYK H. A modular approach to the design and analysis of authentication and key exchange protocols. Proceedings of 30th Annual Symposium on

the Theory of Computing, ACM, 1998.

[11] CANETTI R, KRAWCZYK H. Universally Composable Notions of Key Exchange and Secure Channels. Eurocrypt, 2002. Long version at eprint.iacr.org/2002/059.

[12] CANETTI R, CHEUNG L, KAYNAR D K. Modeling Computational Security in Long-Lived Systems. CONCUR, 2008: 114-130.

[13] CANETTI R, HOHENBERGER S. Chosen Ciphertext Secure Proxy Re-encryption. ACM CCS, 2007. Long version at eprint.iacr.org/2007/171.

[14] CANETTI R, DAKDOUK R R. Extractable Perfectly One-Way Functions. ICALP, 2008(Track C): 449-460.

[15] CANETTI R, DODIS Y, PASS R, WALFISH S. Universal composable security with global setup, in: S. Vadhan(Ed.), *Theory of Cryptography* (TCC), 2007, 4392: 61-85.

[16] CANETTI R, CHEUNG L, KAYNAR D. Compositional Security for Task-PIOAs. 20th Computer Security Foundations Conference (CSF'07), 2007.

[17] FENG T, LI F H, MA J F. A new Approach for UC secrity concurrent deniable authentication, Science in China Series F: Information Sciences, 2008, 51(4): 352-367.

[18] 冯涛，马建峰，李风华. 基于证人不可区分的通用可复合安全并行可否认认证. 软件学报. 2008，36（1）：17-23.

[19] 贾洪勇，卿斯汉. 通用可组合的组秘钥交互协议. 电子与信息学报，2009，31（7）：1571-1575.

[20] 张妤，彭亮. 一般化通用可组合安全框架研究. 计算机工程与设计，2012，33（4）：1271-1274.

[21] 田有亮，马建峰，彭长根，姬文江. 群组通信的通用可组合机制. 计算机学报，2012，35（4）：645-653.

[22] 洪璇，陈克非，万中美. 简单的通用可组合代理重签名方案. 软件学报，2010，21（8）：2079-2088.

[23] 王泽成. 基于身份数字签名方案的通用可组合安全性. 计算机应用，2011，31（1）：118-123.

[24] 张妤. UC 安全性证明中模拟器构造方法研究. 计算机工程与设计，2012，33（3）：906-910.

[25] 郭渊博. UC 安全的空间网络双向认证与秘钥协议. 电子学报，2010，38（10）：2358-2364.

[26] Masanes L. Universally Composable Privacy Amplification from Causality Constraints. Physical Review Letters, 2009, 102(14): 140501.

[27] BURROWS M, ABADI M, NEEDHAM R. A logic of authentication. ACM Trans on Computer Systems, 1990, 8(1): 18-36.

[28] GONG L, NEEDHAM R, YAHALOM R. Reasoning about belief in cryptographic protocols. Proc of the 1990 IEEE Computer Society Symp on Research in Security and Privacy. USA: IEEE Computer Society, 1990: 234-248.

[29] ABADI M, TUTTLE M R. A semantics for a logic of authentication (extended abstract). Proc 10th Annual ACM Symp on Principles of Distributed Computing . USA: ACM, 1991: 201-216.

[30] MAO W, BOYD C. Towards the formal analysis of security protocols. Proc of the Computer Security Foundations Workshop VI. USA: IEEE Computer Society Press, 1993: 147-158.

[31] VAN OORSCHOT P C. Extending cryptographic logics of cryptographic logics of belief to key agreement protocols. Proceedings of the First ACM Conference on Computers and Communications Security. USA: ACM, 1993: 232-243.

[32] SYVERSON P, VAN OORSCHOT P C. On unifying some cryptographic protocol logics. Proc of the IEEE 1994 Computer Society Symposium on Security and Privacy.USA: IEEE Computer Society, 1994: 14-28.

[33] LOWE G. Breaking and Fixing the Needham-Schroeder Public-Key Protocol using CSP and FDR. 2nd International Workshop on Tools and Algorithms for the construction and analysis of systems, Springer-Verlag, 1996.

[34] MILLEN J. A CAPSL connector to Athena. In H. Veith, N. Heintze and E. Clarke, editors, Workshop of Formal Methods and Computer Security. CAV, 2000.

[35] DENKER G, MILLEN J. CAPSL integrated protocol environwent. In DARPA Information Survivability Conference(DISCEX 2000), IEEE Computer Society, 2000: 207-221.

[36] THAYER J, HERZOG J, GUTTMAN J. Strand spaces: proving security protocols correct. Journal of Computer Security, 1999, 7(2/3): 191-230.

[37] PAULSON L C. The inductive approach to verifying cryptographic protocols. Journal of Computer Security, 1998, 6(1-2): 85-128.

[38] CALEIRO C, VIGANO L, BASIN D. Relating strand spaces and distributed temporal logic for security protocol analysis. Logic Journal of IGPL, 2005, 13(6): 637-663.

[39] KAMIL A, LOWE G. Specifying and modelling secure channels in strand spaces. Formal Aspects in Security and Trust, Springer Berlin Heidelberg, 2010: 233-247.

[40] CERVESATO I, DURGIN N, MITCHELL J, et al. Relating strands and multiset rewriting for security protocol analysis. Computer Security Foundations Workshop, 2000, CSFW-13, Proceedings, 13th IEEE. IEEE, 2000: 35-51.

[41] CORIN R, SAPTAWIJAYA A. A logic for constraint-based

security protocol analysis. Security and Privacy, 2006, IEEE Symposium on. IEEE, 2006: 159-168.

[42] AITEL D. The advantages of block-based protocol analysis for security testing. Immunity Inc., 2002.

[43] MEADOWS C. Formal methods for cryptographic protocol analysis: Emerging issues and trends. Selected Areas in Communications, IEEE Journal on, 2003, 21(1): 44-54.

[44] CREMERS C J F. The Scyther Tool: Verification, falsification and analysis of security protocols. Computer Aided Verification. Springer Berlin Heidelberg, 2008: 414-418.

[45] ZHANG M, FANG Y. Security analysis and enhancements of 3GPP authentication and key agreement protocol. Wireless Communications, IEEE Transactions on, 2005, 4(2): 734-742.

[46] GLEICHAUF R E, TEAL D M, WILEY K L. Method and system for adaptive network security using intelligent packet analysis: U.S. Patent 6, 816, 973. 2004-11-9.

[47] PAULSON L C. Inductive analysis of the Internet protocol TLS. ACM Transactions on Information and System Security(TISSEC), 1999, 2(3): 332-351.

[48] ABADI M, ROGAWAY P. Reconciling two views of cryptography (the computational soundness of formal encryption). Journal of Cryptology, 2002, 15(2): 103-127.

[49] MICCIANCIO D, WARINSCHI B. Completeness theorems for the Abadi-Rogaway logic of encrypted expressions.Journal of Computer Security, 2004, 12(1): 99–129.

[50] MICCIANCIO D, WARINSCHI B. Soundness of formal encryption in the presence of active adversaries. Theory of Cryptography Conference(TCC'04), Lecture Notes on Computer Science, Cambridge, MA, USA, Feb, 2004, 2951: 133-151.

[51] ABADI M, JÜRJENS J. Formal eavesdropping and its

computational interpretation. Theoretical Aspects of Computer Software(TACS'01), Lecture Notes on Computer Science, Sendai, Japan, Oct, 2001. Springer, 2215: 82-94.

[52] BACKES M, PFITZMANN B, WAIDNER M. A composable cryptographic library with nested operations. In 10th ACM conference on Computer and communication security(CCS'03), Washington D.C., Oct, 2003. ACM: 220-230.

[53] CORTIER V, WARINSCHI B. Computationally sound, automated proofs for security protocols. Proc. 14th European Symposium on Programming(ESOP'05), Lecture Notes on Computer Science, Edimbourg, U.K., Apr, 2005. Springer, 3444: 157-171.

[54] HERZOG J. A computational interpretation of Dolev-Yao adversaries. Theoretical Computer Science, June 2005, 340: 57-81.

[55] JANVIER R, LAKHNECH Y, MAZAR′E L. Completing the picture: Soundness of formal encryption in the presence of active adversaries. Proc. 14th European Symposium on Programming (ESOP'05), Lecture Notes on Computer Science, Edimbourg, U.K., Apr, 2005. Springer, 3444: 172-185.

[56] ADAO P, BANA G, HERZOG J, SCEDROV A. Soundness of formal encryption in the presence of key-cycles. Proceedings of the 10th European Symposium On Research In Computer Security(ESORICS 2005), Lecture Notes on Computer Science, Milan, Italy, Sept, 2005. Springer, 3679: 374-396.

[57] ABADI M, BLANCHET B. Computer-assisted verification of a protocol for certified email. Special issue SAS'03. Science of Computer Programming, October 2005, 58(1-2): 3-27.

[58] BARTHE G, DAUBIGNARD M, KAPRON B. Computational indistinguishability logic. In Proceedings of the 17th ACM conference on Computer and communications security,

CCS'10ACM, New York, USA, 2010: 375-386.

[59] IMPAGLIAZZO R, KAPRON B M. Logics for reasoning about cryptographic constructions. J. Comput. Syst. Sci., 2006, 72(2): 286-320.

[60] BLANCHET B, POINTCHEVAL D. Automated security proofs with sequences of games. Lecture Note in Computer Science. Springer, 2006, 4117: 537-554.

[61] ABADI M, BLANCHET B, COMON-LUNDH H. Models and proofs of protocol security: A progress report. 21st International Conference on Computer Aided Verification(CAV'09), Lecture Notes on Computer Science, Grenoble, France, June 2009. Springer, 5643: 35-49.

[62] BLANCHET B, POINTCHEVAL D. The computational and decisional Diffie-Hellman assumptions in CryptoVerif. In Workshop on Formal and Computational Cryptography(FCC 2010), Edimburgh, United Kingdom, July, 2010.

[63] BLANCHET B. Mechanizing Game-Based Proofs of Security Protocols. Software Safety and Security-Tools for Analysis and Verification, NATO Science for Peace and Security Series – D: Information and Communication Security, IOS Press, May 2012, 33: 1-25. Proceedings of the summer school MOD 2011.

[64] BLANCHET B. Automatically Verified Mechanized Proof of One-Encryption Key Exchange. In 25th IEEE Computer Security Foundations Symposium(CSF'12), Cambridge, MA, USA, June 2012. IEEE. To appear.

[65] BLANCHET B, JAGGARD A D, SCEDROV A, et al. Computationally Sound Mechanized Proofs for Basic and Public-key Kerberos. In ACM Symposium on Information, Computer and Communications Security(ASIACCS'08), Tokyo, Japan, March, 2008. ACM, 87-99.

[66] BLANCHET B. A Computationally Sound Automatic Prover for Cryptographic Protocols. In Workshop on the link between formal and computational models, Paris, France, June, 2005.

[67] WIKSTROM D. A universally composable mix-net. Lecture Notes in Computer Science. Springer, 2004, 2951: 317–335.

[68] CAMENISCH J, LYSYANSKAYA A. A formal of Advances in Cryptology, Proceedings of the 25th International Cryptology Conference(Crypto 2005)(2005), V Shoup, Ed. Springer, 169-187.

[69] ABE M, FEHR S. Adaptively secure feldman vss and universally-composable threshold cryptography. In CRYPTO 'OS applications to LNCS. Springer, 2005, 3152: 317-334.

[70] LAMPORT L. The Temporal Logic of Actions. ACM Transactions on Programming Languages and Systems, 1994, 16(3): 872-923.

[71] GOLDWASSER S, MICALI S, RACKOFF C. The knowledge complexity of interactive proof systems. SIAM Journal on computing, 1989, 18(1): 186-208.

[72] HOMER S, SELMAN A L. Interactive Proof Systems. Computability and Complexity Theory. Springer US, 2011: 261-282.

[73] FARMER W M, GUTTMAN J D, THAYER F J. IMPS: An interactive mathematical proof system. Journal of Automated Reasoning, 1993, 11(2): 213-248.

[74] FORTNOW L, ROMPEL J, SIPSER M. On the power of multi-power interactive protocols. Structure in Complexity Theory Conference, 1988. Proceedings., Third Annual. IEEE, 1988: 156-161.

[75] SHIRALI-SHAHREZA S, SHIRALI-SHAHREZA M. A survey of human interactive proof systems. International Journal of Innovative Computing, Information and Control(IJICIC), 2010, 6(3).

[76] GOLDWASSER S, MICALI S, WIGDERSON A. How to play any mental game or a completeness theorem for protocols with honest majority. In 19th ACM Symp, On Theory of Computing, 1987: 218-229.

[77] GOLDWASSER S, MICALI S, WIGDERSON A. Proofs that yield nothing but their validity or All languages in NP have zero- knowledge proof systems. J. ACM, 1991, 38(3): 691-729.

[78] BLUM M, ELDMAN P, MICALI. Non-interactive zero-knowledge proof systems and applications, in *Proc.* 20th Annual ACM Symposium on Theory of Computing, 103-112.

[79] CANETTI R, FISCHLIN M. Universally composable commitments. In Advances in Cryptology-CRRTO 2001(LNCS2139), 2001, 19-14.

[80] GARAY J A, MACKENZIE P, K YANG. Strengthening zero-knowledge protocols using signatures, *Journal of Cryptology*, 2006, 19(2): 169-209.

[81] LINDELL Y. General Composition and Universal Composability in Secure Multi-Party Computation. 43rd FOCS, 2003: 394-403.

[82] GOLDREICH O, MICALI S, WIGDERSON A. How to play any mental game – A completeness theorem for protocols with honest majority. In 19th STOC, 1987, 218-229.

[83] GOLDWASSER S, MICALI S. Probabilistic encryption, *JGSS*, April 1984, 28(2): 270-299.

[84] YAO ANDREW C C, YAO FRANCES F, ZHAO Y L. A Note on Universal Composable Zero Knowledge In Common Reference String Model. TAMC' 07, 2007, 462-473.

[85] NAOR M, YUNG M. Public key cryptosystems provably secure against chosen ciphertext attack, 22nd SSTO, 1990, 427-437.

[86] DOLEV D, DWORK C, NAOR M. Non-malleable cryptography, Preliminary version in *23rd* Symposium on theory of computing (STOC). SIAM. J. Computing, to appear. ACM, 1991.

[87] RACHOFF C, SIMON D. Non-interactive zero-knowledge proof of knowledge and chosen ciphertext attack, CRYPTO'91, 1991.

[88] FISCHLIN M, FISCHLIN R. Efficient non-maeelable commitment schemes, CRYPTO'00, LNCS 1880, 2000: 413-428.

[89] LAMPORT L. Specifying Systems: The TLA+ Language and Tools for Hardware and Software Engineers, MA, USA. Addison-Wesley Longman Publishing Co., Inc., Boston, 2002.

[90] CHAUM D, EVERTSE J H, et al. Demonstrating possession of a discrete logarithm without revealing it. Advance in Cryptology: Proceeding of Crypo, 1988. New York: Springer, 1989.

[91] GUILLOU L C, QUISQUATER J. A Paradoxical Identity-Based Signature Scheme Resulting from Zero-Knowledge. Proceedings of Advances in Cryptology-CRYPTO'88. Berlin: Springer-Verlag, 1988: 216-231.

[92] MARK D, RYAN, BEN SMYTH. Applied pi calculus. Formal Models and Techniques for Analyzing Security Protocols, chapter 6. IOS Press, 2010, To appear. http: //www.bensmyth.com/.

[93] BLANCHET B, SMYTH B. ProVerif 1.86pl3: Automatic Cryptographic Protocol Verifier, User Manual and Tutorial, 2011. http: //www.proverif.ens.fr/.

[94] SMYTH B, RYAN M D, CHEN L Q. Formal analysis of privacy in Direct Anonymous Attestation schemes. IACR Cryptology ePrint Archive, 2013.

[95] BERNHARD D, FUCHSBAUER G, et al. Anonymous attestation with user-controlled linkability. International Journal of Information Security, 2013, 12(3): 219-249.

[96] BRICKELL E, CHEN L, LI J. A new direct anonymous attestation scheme from bilinear maps. Trusted Computing- Challenges and Applications. Springer Berlin Heidelberg, 2008: 166-178.

[97] BRICKELL E, CHEN L, LI J. Simplified security notions of

direct anonymous attestation and a concrete scheme from pairings. International Journal of Information Security, 2009, 8(5): 315-330.

[98] CHEN X, FENG D. Direct anonymous attestation for next generation TPM. Journal of Computers, 2008, 3(12): 43-50.

[99] HANUNAH O, HABIBAH H, JAMALUL-LAIL A M. A conceptual framework providing Direct Anonymous Attestation (DAA) protocol in trusted location-based services (LBS). Internet Technology and Secured Transactions (ICITST), 2010 International Conference for. IEEE, 2010: 1-7.

[100] LI L X, LI C L, ZHOU Y Z . A Remote Anonymous Attestation Scheme with Improved Privacy CA. Multimedia Information Networking and Security, 2009. MINES'09. International Conference on. IEEE, 2009: 153-157.

[101] CRAMER R, SHOUP V. Universal hash proofs and a paradigm for adaptive chosen ciphertext secure public-key encryption. Advances in Cryptology-EUROCRYPT 2002. Springer Berlin Heidelberg, 2002: 45-64.

[102] HOGAN K, MALEKI H, RAHAEIMEHR R, et al. On the Universally Composable Security of OpenStack[J]. IACR Cryptology ePrint Archive, 2018.

[103] Degabriele, Jean Paul, Marc Fischlin. Simulatable Channels: Extended Security that is Universally Composable and Easier to Prove. International Conference on the Theory and Application of Cryptology and Information Security. Springer, Cham, 2018.

[104] Badertscher, Christian, Ueli Maurer, Björn Tackmann. On composable security for digital signatures. IACR International Workshop on Public Key Cryptography. Springer, Cham, 2018.

[105] Rausch, Daniel. “Universal Composability: A Comparison of Different Models.” crypto day matters 29(2018).

[106] Blömer, Johannes, Fabian Eidens, Jakob Juhnke. Practical, Anonymous, and Publicly Linkable Universally-Composable Reputation Systems. Cryptographers' Track at the RSA Conference. Springer, Cham, 2018.

[107] METERE R, DONG C. Automated Cryptographic Analysis of the Pedersen Commitment Scheme. In: Rak J, Bay J, Kotenko I, Popyack L, Skormin V, Szczypiorski K. (eds) Computer Network Security. MMM-ACNS 2017. Lecture Notes in Computer Science, vol 10446. Springer, Cham.

[108] Hubert Comon, Adrien Koutsos, "Formal Computational Unlinkability Proofs of RFID Protocols", Computer Security Foundations Symposium (CSF) 2017 IEEE 30th, pp. 100-114, 2017.

[109] WANG W, LIU J, QIN Y, FENG D. Formal Analysis of a TTP-Free Blacklistable Anonymous Credentials System. In: Qing S, Mitchell C, Chen L, Liu D. (eds) Information and Communications Security ICICS 2017. Lecture Notes in Computer Science, vol 10631. Springer, Cham.

[110] Elliott Blot, Jannik Dreier, Pascal Lafourcade. Formal Analysis of Combinations of Secure Protocols. FPS 2017-10th International Symposium on Foundations & Practice of Security, Oct 2017, Nancy, France. pp.1-15.

[111] Konstantin Kogos, Sergey Zapechnikov. Studying Formal Security Proofs for Cryptographic Protocols. Matt Bishop; Lynn Futcher; Natalia Miloslavskaya; Marianthi Theocharidou. 10th IFIP World Conference on Information Security Education (WISE), May 2017, Rome, Italy. Springer International Publishing, IFIP Advances in Information and Communication Technology, AICT-503, pp.63-73, 2017, Information Security Education.

[112] LYUBASHEVSKY V, SEILER G. Short, Invertible Elements in Partially Splitting Cyclotomic Rings and Applications to Lattice-Based Zero-Knowledge Proofs[C]//Annual International Conference on the Theory and Applications of Cryptographic Techniques. Springer, Cham, 2018: 204-224.

[113] ABADI M, BLANCHET B, FOURNET C. The applied pi calculus: Mobile values, new names, and secure communication[J]. Journal of the ACM (JACM), 2018, 65(1): 1

[114] 陈永志，范新灿，温晓军. 基于量子隐形传态的零知识证明协议[J]. 量子电子学报, 2018, 35(02): 173-178.

[115] 朱智强，马可欣，孙磊. 一种基于零知识证明的远程桌面认证协议[J]. 山东大学学报(理学版), 2016, 51(09): 47-52.

[116] 赵晨，俞惠芳，李建民. 群盲签名的通用可组合性研究[J]. 计算机应用研究, 2017, 34(10): 3109-3111.